大数据管理与应用
新形态精品教材

Python
数据分析与应用

微课版

丁菊玲◎主编

刘炜 李圣宏◎副主编

人民邮电出版社

北京

图书在版编目（CIP）数据

Python 数据分析与应用：微课版 / 丁菊玲主编.
北京：人民邮电出版社，2024. -- （大数据管理与应用
新形态精品教材）. -- ISBN 978-7-115-65663-6

Ⅰ. TP311.561

中国国家版本馆 CIP 数据核字第 2024DR4798 号

内 容 提 要

本书深入浅出地介绍数据分析的完整流程及 Python 实现，分为三篇共 10 章。第一篇为基础篇（第 1 章～第 5 章），包括数据分析概述、Python 基础、数据处理、数据分析、数据可视化；第二篇为应用篇（第 6 章～第 9 章），包括电影评论数据爬取、文学作品文本分析、股票行情分析、电商用户行为分析；第三篇为综合实践篇（第 10 章），包括抖音短视频数据分析。

本书采用通俗易懂的语言，结合清晰的步骤和丰富的实例，全面阐述数据分析全流程以及 Python 在其中的应用。此外，本书配有 PPT 课件、教学大纲、电子教案、实例和实训素材、实训答案、课后习题答案等丰富的教学资源，读者可在人邮教育社区免费下载使用。

本书可作为高等院校数据分析与应用相关课程的教材，也可作为社会各类培训机构的参考书，还可作为对数据分析与应用感兴趣的读者的自学读物。

◆ 主　　编　丁菊玲
　　副 主 编　刘　炜　李圣宏
　　责任编辑　王　迎
　　责任印制　胡　南
◆ 人民邮电出版社出版发行　　北京市丰台区成寿寺路 11 号
　　邮编　100164　　电子邮件　315@ptpress.com.cn
　　网址　https://www.ptpress.com.cn
　　北京天宇星印刷厂印刷
◆ 开本：787×1092　1/16
　　印张：13　　　　　　　　　2024 年 12 月第 1 版
　　字数：291 千字　　　　　　2024 年 12 月北京第 1 次印刷

定价：59.80 元

读者服务热线：(010)81055256　印装质量热线：(010)81055316
反盗版热线：(010)81055315
广告经营许可证：京东市监广登字 20170147 号

党的二十大报告指出：实施科教兴国战略，强化现代化建设人才支撑。在大数据和人工智能发展的背景下，数据已成为新的生产要素，对数据的处理与分析能力成为衡量现代信息技术人才的重要标准。Python 作为一种高效、易学的编程语言，在数据分析领域展现出了巨大的优势。简洁的语法、强大的库支持以及广泛的社区用户，使 Python 成为数据分析师的首选工具。本书旨在为读者提供一个全面的 Python 数据分析学习路径，从基础到应用，再到综合实践，帮助读者系统掌握 Python 在数据分析中的应用技巧，提高数据处理和分析能力。

● 本书的主要特点

（1）采用财经特色教学方法：本书特别针对财经类专业特色，深入讲解 Python 在数据分析中的应用，包括专门的工具和方法，使读者能够在财经领域快速应用 Python 进行高效数据分析。

（2）针对实战问题进行求解：以实际问题的求解为教学基础，整合 Python 数据分析的各项技能，确保读者能够将学到的技术应用于真实的业务场景中。

（3）覆盖数据分析全流程：详细介绍从数据收集、数据处理、数据分析，到数据可视化的完整数据分析流程。全书理论与实践紧密结合，通过综合应用解决实际问题，确保读者能够全面掌握数据分析的核心环节。

（4）示例专业数据分析报告撰写：以第 10 章为例，示例如何撰写格式规范、逻辑清晰、要素齐全的数据分析报告。同时，结合分析结果，有针对性地提出专业的建议措施，增强报告的实用性和说服力。

（5）提供丰富的教学资源：本书提供 PPT 课件、教学大纲、电子教案、实例和实训素材、实训答案、课后习题答案等教学资源，帮助读者快速入门，助力教师教学。

● 本书使用的 Python 版本

本书采用 Python 3.11.4 版本，建议读者使用 Python 3.11 及以上版本。

● 编写本书的目的

本书旨在培养读者的数据分析能力，特别是在财经领域的应用能力。通过对本书的学习，读者将能够建立起扎实的数据分析基础，掌握 Python 数据处理的核心技能，并能够在实际工作中运用所学知识，解决复杂的数据分析问题。

本书除了通过丰富的实例和实践操作，让读者在学习的过程中不断巩固所学知识，提高实际操作能力外，还提供了大量的习题和课后实训，帮助读者检验自己的学习成果，加深对知识点的理解和记忆。

本书由江西财经大学丁菊玲任主编，刘炜、李圣宏任副主编。丁菊玲编写第 1 章～第 8 章，刘炜编写第 9 章，李圣宏编写第 10 章，全书由丁菊玲负责统稿。

感谢江西财经大学信息管理学院各位领导和同事在本书编写过程中提供的帮助。也感谢团队各成员的付出，特别感谢雷怡敏（第 2 章）、卢佳丽（第 3 章）、王宇（第 4 章和第 8 章）、罗正熙（第 5 章）、周鸿浩（第 6 章）、王景洵（第 7 章）等在上述各章编写过程中提供的帮助。

由于编者水平有限，书中难免有不妥之处，恳请广大读者批评指正。

编　者

第一篇

基础篇

第 1 章　数据分析概述

数据分析是指使用适当的统计分析方法对收集的大量数据进行分析、提取有用信息并形成结论的过程。它是数据科学和大数据技术的一个关键组成部分，涉及从原始数据中提取、评估和解释有意义的模式，以支持决策制定。在数智时代，数据分析变得越来越重要，企业和组织依靠数据驱动的洞察来优化运营、改善用户体验和推动创新。

本章从数据分析基础展开，介绍数据的定义、数据分析的定义、数据分析方法及步骤，并进一步介绍 Python 是如何支持数据分析的。

本章学习目标

1. 掌握数据的定义。
2. 掌握数据分析的定义。
3. 了解数据分析方法。
4. 掌握数据分析基本步骤。
5. 熟悉 Python 在数据分析方面提供的主要功能。

1.1　数据分析基础

数据分析综合性极强，它涵盖统计学、计算机科学、数学等多个领域的知识。在数据分析过程中，我们通过对数据的收集、整理、探索、建模和解释，来揭示数据的内在规律和模式，进而为决策制定和业务优化提供有力支持。

1.1.1　数据的定义

数据（data）是对客观事物进行记录并可以鉴别的符号，是对客观事物的性质、状态以及相互关系等进行记载的物理符号或这些物理符号的组合。它是可识别的、抽象的符号，可以是狭义上的数字，也可以是具有一定意义的文字、字母、数字符号的组合以及图形、图像、视频、音频等，还可以是客观事物的属性、数量、位置及相互关系的抽象表示。

　　在不同领域中，数据的定义和应用有所不同。例如，在计算机科学中，数据是所有能输入计算机并被计算机程序处理的符号的总称；在统计学中，数据是通过物理观察得到的事实和概念，是关于现实世界中的地方、事件、其他对象或概念的描述；在生物学大数据中，数据是指在生物学研究领域中产生的大规模、高维度的数据集合，涵盖从基因组、转录组、蛋白质组到生物图像和生理监测等多个层面的信息。

　　数据具有多样性：数据不仅包括数值，还包括字符等所有能够被计算机程序识别和处理的符号集合。因此，数据是信息的载体，用于表示客观事物。数据可以来源于对真实世界的观测和记录，它可以是数字化的，也可以是非数字化的。此外，数据可以分为结构化数据、半结构化数据和非结构化数据，这取决于它是否有固定的格式或模型。数据的价值在于其能够描述客观事物，为分析和决策提供依据。好的数据能够解决问题并带来洞察，因此数据的质量和准确性至关重要。

　　总的来说，数据是事实或观察的结果，是对客观事物的逻辑归纳，是用于表示客观事物的未经加工的原始素材。经过加工后，数据可以转化为信息，用于描述事件、建立模型、进行分析和支持决策等。数据是现代信息社会的基础，无论是在科学研究、商业分析还是日常生活中，数据都扮演着不可或缺的角色。

1.1.2　数据分析的定义

　　数据分析是指通过统计学、机器学习等技术手段，对收集的数据进行处理、解析、建模和可视化，以提取有用的信息和洞察，进而支持决策制定和业务优化的过程。在数据分析中，我们运用各种方法和技术来探究数据的内在规律和模式，为解决问题和创造价值提供有力支持。

　　数据分析在现代社会中具有广泛的应用，如应用于商业、金融、医疗、教育、科研等领域。通过数据分析，企业可以了解市场趋势、优化产品策略、提高运营效率；政府可以制定更科学的政策、提高治理水平；个人可以更好地理解自己的行为和习惯，做出更明智的决策。

1.1.3　数据分析方法

　　数据分析方法种类繁多，以下列举一些常用的方法。

　　（1）描述统计：通过计算数据的各种统计量来概括和描述数据特征的方法。它旨在通过简洁的数值和图表来展示数据的分布特征、中心趋势、离散程度等信息，以便人们能够直观地理解数据。

　　（2）推论统计：一种重要的方法，它基于抽样调查的数据，通过一定的统计原理和方法，从局部推断总体，进而对不确定的事物做出决策。通过对样本数据的分析推断总体的性质，常用的方法包括假设检验、信度分析、列联表分析等。

　　（3）因子分析：一种常用的方法，旨在从一组具有复杂关系的变量中提取出少数几个具有代表性的、互不相关的综合因子，用于研究如何将观察到的变量减少到少数几个维度，即潜在变量或因子。这种方法主要用于解决变量之间的多重共线性问题，并简化高维数据。

（4）回归分析：一种确定两种或两种以上变量间相互依赖的定量关系的方法。它基于观测数据建立变量之间的数学模型，并通过该模型来预测或解释因变量的变化。它是一种在统计学中广泛应用的预测性方法，用于研究因变量（目标）和自变量（预测器）之间的关系。

（5）主成分分析：一种在数据分析中广泛应用的方法，主要用于数据降维和特征提取。它是一种通过降维来简化数据结构的方法，可以将原有的多个指标（或变量）转化成少数几个代表性较好的综合指标（即主成分）。这些主成分能够反映原来指标的大部分信息（通常超过 80%），并且各个主成分之间保持独立，避免了重复信息的出现。

（6）平均分析：利用平均数指标来反映某一特征数据总体的一般水平的方法。它通过计算数据的平均数指标，能够反映事物目前所处的位置和发展水平。再通过对不同时期、不同类型数据的平均数指标进行对比，说明事物的发展趋势和变化规律。

（7）对比分析：也被称为比较分析，是通过对两个或两个以上的数据进行对比，分析差异，从而揭示这些数据所代表的规律或趋势的一种方法。这种方法在数据分析中非常常用，它可以帮助我们识别数据间的差异，揭示数据变化的规律，并找出数据变化的原因。例如，可以对比不同部门、地区或国家的指标数据，从而找出优劣和改进方向。对比分析法不仅可以帮助我们理解数据的现状，还可以揭示数据背后的原因和规律，为决策提供有力支持。

（8）时间序列分析：一种用于对按时间顺序排列的数据进行建模和预测的方法。在时间序列分析中，通常按照特定的时间间隔（如日、月、年等）收集数据，然后对这些数据进行解析以揭示其内在的模式、趋势和周期性。时间序列分析法的主要目的是帮助我们理解数据随时间的变化情况，以及预测未来的趋势或行为。通过对历史数据的分析，可以提取出趋势（长期增加或减少的模式）、周期（重复出现的波动）和季节性（在特定时间段内重复的模式）等因素，进而对未来的值进行预测。时间序列分析法在多个领域都有广泛的应用，如金融、经济、气象、医疗等。对时间序列数据进行分析，可以为决策提供有力的支持，有助于避免经济损失和防范风险。

除了上述方法外，还有参数检验、非参数检验、信度分析、方差分析等多种数据分析方法。不同的方法适用于不同的数据类型和分析目的，因此在实际应用中需要根据具体情况选择合适的方法。例如，可以先使用描述统计来了解数据的基本情况，然后通过回归分析来探究变量间的关系，最后可能还会运用聚类分析来发现数据中的潜在分组。同时，数据分析也需要结合业务背景和实际需求，以便更好地发挥数据的价值。

1.1.4　数据分析步骤

数据分析步骤如图 1-1 所示。

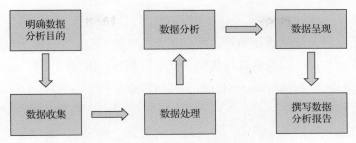

图1-1 数据分析步骤

（1）明确数据分析目的：这是数据分析的第一步，只有明确了目的，才能确保整个分析过程不会偏离方向。明确目的有助于确定数据收集、处理和分析的方向，使最终的分析结果能够直接服务于实际需求。

（2）数据收集：根据确定的数据分析框架和目的，收集相关的数据。这些数据可以来自多种数据源，如数据库、调查问卷、公开资料等。在收集过程中，需要确保数据的准确性和完整性。

（3）数据处理：对收集的数据进行清洗、整理、转换等操作，获得适合数据分析的格式。这一步包括去除异常值、处理缺失值、转换数据类型等，以确保数据的一致性和有效性。

（4）数据分析：运用适当的分析方法及工具，对处理后的数据进行分析。通过描述统计、推论统计、因子分析等数据分析方法提取有价值的信息并形成有效的结论。

（5）数据呈现：将分析结果以图表、报告等形式呈现。常用的数据图表包括饼图、柱状图、条形图、折线图等，这些图表有助于直观地展示数据的分布、趋势和关系。

（6）撰写数据分析报告：根据数据分析结果，撰写数据分析报告。

除了上述基本步骤外，根据具体的数据分析需求和场景，可能还需要进行模型建立与预测、数据挖掘等高级分析。例如，在机器学习领域，可能需要进行数据归一化、模型选择和训练、模型评估和优化等步骤。

数据分析是一个系统性的过程，需要明确目的、收集数据、处理数据、分析数据、呈现结果和撰写报告。每个步骤都有其独特的作用和意义，共同构成了完整的数据分析流程。

1.2　Python 数据分析

Python 数据分析是指使用 Python 语言进行数据的处理、分析和可视化，以发现数据中的模式、趋势和关系，并为决策提供支持。Python 语言因其易学、易用、灵活、强大的数据处理能力和良好的可视化效果而被广泛用于数据分析领域。

在 Python 数据分析中，利用 Python 语言的强大功能和丰富的库，如 pandas、NumPy、Matplotlib、Seaborn、scikit-learn 等，来实现数据处理的自动化、高效化和精准化。Python 数据分析不仅提高了数据分析的效率和准确性，还降低了数据分析的门槛。

Python 语言在数据分析上提供了丰富的功能，涉及数据分析的各个环节。这些功能主要体现在以下几个方面。

（1）数据收集

Python 提供了多种方法来收集数据，可以从文件（如 CSV、Excel、JSON 等文件）读取数据、从数据库查询数据，以及通过网络爬虫获取数据等。常用的库有 pandas（用于数据处理和分析）、Requests 和 beautifulsoup4（用于爬取数据）等。

（2）数据清洗和处理

数据清洗是数据分析的重要步骤，涉及处理缺失值、异常值、重复值等问题。Python 中的 pandas 库提供了丰富的数据清洗和处理功能。使用 pandas 库可以方便地处理缺失值、异常值，进行数据去重、类型转换等操作。此外，还可以利用 pandas 库进行数据表的合并、排序、数值分列、数据分组及标记等工作。也可以使用 NumPy 库进行数值计算和处理。

（3）数据分析

Python 提供了多种统计方法和机器学习算法来进行数据分析。例如，使用 pandas 的 shape() 函数查看数据表的维度，使用 unique() 函数查看唯一值，使用 values() 函数查看数据表中的数值，使用 SciPy 和 statsmodels 库进行描述性统计和推断性统计。

（4）数据可视化

数据可视化是数据分析的重要部分，它可以将复杂的数据以直观的方式呈现出来。Python 中的 Matplotlib 是最常用的绘图库之一，它支持各种图表类型，如折线图、散点图、柱状图等。此外，Seaborn 库提供了更高级的图表，包括热力图、分布图等。使用 Plotly 和 Bokeh 等交互式可视化库可以创建更具吸引力的图表。

（5）模型开发和优化

在数据分析过程中，有时需要建立模型进行预测或分类。Python 提供了多种机器学习库，如使用 scikit-learn 库进行机器学习建模和预测。另外，Python 还提供了 TensorFlow、PyTorch 等库，使模型开发和优化变得相对简单。

Python 在数据分析领域的优势在于其简洁的语法、强大的库支持以及众多的社区资源。学习和掌握 Python 数据分析可以帮助个人和企业更好地理解数据，从而做出更明智的决策。无论是初学者还是专业人士，都可以利用 Python 进行高效、灵活的数据分析工作。

1.3 应用实例——使用 Python 进行简单的数据分析

1-1 使用 Python 进行简单的数据分析

1. 数据分析需求

假设有一个包含员工销售数据的 CSV 文件（sales_data.csv），文件内容如图 1-2 所示。

我们将使用 Python 的 pandas 库来分析这些数据，包括以下内容。

（1）加载 CSV 文件。

（2）数据清洗和预处理。

（3）基本的统计分析。

（4）数据可视化。

	A	B	C
1	姓名	销售额（元）	销售日期
2	张三	10000	1/1/2024
3	李四	15000	1/1/2024
4	王五	8000	1/2/2024
5	赵六	12000	1/2/2024
6	丁七	15600	1/2/2024

图 1-2　文件内容

2．具体分析过程

员工销售数据分析代码示例如下。

```python
# 导入必要的库
import pandas as pd
import matplotlib.pyplot as plt

# 1. 加载 CSV 文件
df = pd.read_csv('sales_data.csv',encoding='gbk')

# 2. 数据清洗和预处理（在这个简单的例子中，我们假设数据已经是"干净"的）
# 如果需要，可以在这里添加代码来处理缺失值、异常值或转换数据类型

# 3. 基本的统计分析
# 计算总销售额
total_sales =df['销售额(元)'].sum()
print(f"总销售额为：{total_sales}元")

# 计算每日的销售额
monthly_sales =df.groupby('销售日期')['销售额(元)'].sum().reset_index()
print(f"每日销售额：\n{monthly_sales}")

# 4. 数据可视化
# 绘制每日销售额的柱状图
plt.rcParams['font.sans-serif'] = ['SimHei']  # 指定默认字体为黑体
plt.bar(monthly_sales['销售日期'], monthly_sales['销售额(元)'])
plt.title('每日销售额')
plt.xlabel('日期')
plt.ylabel('销售额(元)')
plt.xticks(rotation=45)  # 旋转 x 轴标签以便更好地阅读
plt.show()
```

这个应用实例展示了如何使用 Python 进行简单的数据分析，包括加载数据、执行统计分析以及通过柱状图呈现结果。注意，在这个例子中，我们假设 sales_data.csv 文件与 Python 脚本位于同一目录下（建议本书所有代码与其处理的数据放置同一个目录下）。如果文件位于其他位置，则需要提供完整的文件路径。

本章习题

一、选择题

1. 数据分析的主要目的是什么？（　　）

　　A．收集大量数据　　　　　　　　　　B．展示数据图表

　　C．提取有用信息并形成结论　　　　　D．使用复杂的数学公式

2. 数据分析属于哪个领域的关键组成部分？（　　）

　　A．人工智能　　　　B．数据科学　　　C．网络安全　　　D．物理学

3. 下列哪项不是数据的特征？（　　）

　　A．可识别性　　　　　　　　　　　　B．单一性（仅包含数字）

　　C．多样性　　　　　　　　　　　　　D．信息的载体

4. 在数据分析过程中，哪个步骤是对数据进行初步的观察和探索？（　　）

　　A．数据收集　　　　B．数据整理　　　C．数据分析　　　D．数据预处理

5. Python 在数据分析中的主要作用是什么？（　　）

　　A．数据可视化　　　　　　　　　　　B．替代人工分析

　　C．提供强大的数据分析工具库　　　　D．自动化所有数据分析过程

二、简答题

1. 请简述数据分析的定义及重要性。

2. 数据分析通常包含哪些步骤？

3. 为什么 Python 在数据分析领域如此受欢迎？

4. 简述数据清洗在数据分析中的重要性。

5. 请列举几个常用的 Python 数据分析库，并简要说明它们的主要功能。

本章实训

实训一　安装和使用 Anaconda

目标：

（1）学会安装 Anaconda 软件。

（2）学会在 Anaconda Prompt 下用 pip 命令查看和安装 Python 各种包。

（3）理解 Anaconda 环境和包管理的基本概念。

（4）编写并运行第一个简单的 Python 程序。

步骤：

（1）访问 Anaconda 官方网站，下载并安装适合操作系统的 Anaconda 发行版（具体安装步骤可以参见 2.2.2 节）。

（2）练习使用 Anaconda Prompt 查看 Anaconda 环境和已经安装的各种包。使用命令 pip list 查看已安装的所有包，使用命令 pip install pandas 安装包，使用命令 pip install --upgrade pandas 升级包。

（3）练习 Spyder 的使用。打开 Anaconda 下面的 Spyder，在 Spyder 的界面中，可以看到一个名为 "Console" 或 "IPython console" 的窗口，这是 Spyder 的交互式控制台。在 IPython console 下的输入框中输入 print("this is my first python")，查看输出的结果。

（4）打开 Anaconda 下面的 Spyder，在 Spyder 的界面中打开 "File"，可以新建一个文件，在该文件中输入 print("this is my first python")，另存为 "mypython.py"，点击工具栏上的绿色 "Run" 按钮或使用快捷键 F5 来运行 Python 程序。也可以通过点击 "Run" 菜单中的 "Run 'filename'" 选项来运行程序，其中 "filename" 是文件名（不包括扩展名.py）。

实训二　数据探索

目标：

（1）使用 pandas 库加载数据集。

（2）对数据集进行初步探索（如查看数据形状、数据类型、缺失值等）。

步骤：

准备一个示例数据集（如 "第 1 章课后实训 data.csv" 文件），确保数据集包含不同类型的数据（如数值型、字符型、日期型等）以及一些缺失值和异常值。使用 pandas 库加载数据集。例如，如果数据集名为 "第 1 章课后实训 data.csv"，则可以使用以下代码（见 "第 1 章课后实训 2.py"）加载。

```
import pandas as pd
df = pd.read_csv('第1章课后实训data.csv')

df.shape
df.dtypes
df.info()
```

对数据集进行初步探索。使用 df.shape 查看数据集的形状（行数和列数），使用 df.dtypes 查看数据类型，使用 df.info()查看更详细的信息（包括非空值数量等）。

实训三　数据可视化

目标：

（1）使用 pandas 库加载数据集。

（2）对数据集进行初步可视化（如绘制工资收入折线图）。

步骤：

打开示例数据集（如 "第 1 章课后实训 data.csv" 文件）。使用 pandas 库加载数据集。使用以下代码（见 "第 1 章课后实训 3.py"）加载。

```
import pandas as pd
import matplotlib.pyplot as plt
```

```
# 读取 CSV 文件
df = pd.read_csv('第 1 章课后实训 data.csv')

# 提取 Salary 字段作为 y 轴数据，ID 作为 x 轴数据（尽管这不是时间序列，但可以用作索引）
x = df['ID']
y = df['Salary']

# 绘制折线图
plt.figure(figsize=(10, 6))        # 设置图形大小
plt.plot(x, y, marker='o')         # 绘制折线图，并添加数据点标记

# 设置图表标题和轴标签
plt.title('Salary Over ID')
plt.xlabel('ID')
plt.ylabel('Salary')

# 显示图表
plt.show()
```

第2章 Python 基础

Python，作为当今最受欢迎的编程语言之一，不仅编写的程序代码简洁易读，而且功能强大，应用广泛。本章将系统地介绍 Python 编程的基础知识，为后续的学习和实践做好充分准备。本章涵盖 Python 语言的核心要素，包括变量、函数、程序结构以及模块等关键概念。通过学习这些内容，我们能够编写简单而有效的 Python 代码，并开始理解 Python 编程的思维方式。

本章学习目标

1．掌握 Anaconda 的安装与使用方法。

2．了解变量的概念。

3．熟悉 Python 中的基本数据类型。

4．熟悉 Python 中的常用数据结构。

5．了解函数的定义和调用方法。

6．掌握 Python 程序的基本结构。

2.1 Python 简介

Python 是一种高层次、解释型的编程语言，以其易读和简洁的语法而闻名。Python 的历史始于 1989 年，由荷兰国家数学与计算机科学研究中心的吉多·范罗苏姆（Guido van Rossum）创立。他最初的目的是打发圣诞节假期的时间，结果创造了一种新的解释型脚本语言。选择"Python"作为名称，是因为吉多是英国喜剧连续剧《蒙提·派森的飞行马戏团》的粉丝。

2.1.1 Python 特点

Python 的特点如下。

（1）简单易学。Python 的语法清晰明了，易于上手。即使是没有编程经验的人，也能快速掌握 Python 的基础知识，并开始编写简单的程序。

（2）跨平台性。Python 可以在多种操作系统上运行（包括 Windows、Linux 和 macOS 等），使开发者可以在不同的环境中进行开发，而无须担心兼容性问题。

（3）丰富的标准库和第三方库。Python 拥有庞大的标准库，提供了大量的常用功能。此外，Python 还有大量的第三方库可供使用，这些库可用于数据分析、机器学习、Web 开发、图像处理等多个领域。

（4）动态类型。Python 是一种动态类型语言，这意味着在声明变量时无须指定其类型。Python 会在运行时自动推断变量的类型，使代码更加灵活。

（5）强大的扩展性。Python 可以通过调用 C、C++ 等语言的代码来扩展功能，使 Python 在保持易用性的同时具有高性能。

（6）社区支持。Python 拥有庞大的开发者社区，这为学习者提供了丰富的资源和支持。无论是遇到编程问题还是寻求最佳实践，都可以在社区中找到答案。

总的来说，Python 的设计哲学强调代码的可读性和简洁性，这使其成为对初学者友好的语言。同时，它的灵活性和强大的社区支持也使其成为专业开发者的首选语言之一。Python 已经成为数据分析、机器学习、Web 开发、自动化脚本编写等多个领域的首选语言。

2.1.2　Python 主要功能

Python 的主要功能非常多且强大，可以应用于多个领域。以下是 Python 的一些主要功能。

（1）强大的数据处理能力。Python 具有强大的数据处理能力，通过内置的数据类型（如列表、元组、字典等）和强大的数据处理库（如 pandas、NumPy 等），可以轻松地处理和分析各种数据。

（2）丰富的标准库和第三方库。Python 的标准库包含大量的模块和函数，涵盖文件操作、网络编程、系统管理等基础功能。此外，Python 还有庞大的第三方库，这些库可用于从科学计算、数据分析、机器学习到 Web 开发等各个领域，使开发者能够快速地构建复杂的应用。

（3）面向对象编程。Python 支持面向对象编程，通过类、对象、继承、封装和多态等机制，可以组织和管理代码，提高代码的可重用性和可维护性。

（4）网络编程和 Web 开发。Python 提供了强大的网络编程支持，可以用于构建各种网络应用。同时，Python 也是 Web 开发的重要语言之一，通过 Django、Flask 等 Web 框架，可以快速地开发 Web 应用。

（5）自动化脚本编写。Python 非常适用于编写自动化脚本，可以方便地处理文件和目录、执行系统命令、控制其他程序等，实现各种自动化任务。

（6）科学计算和数据分析。Python 在科学计算和数据分析领域有着广泛的应用，通过 NumPy、SciPy、Matplotlib 等库，可以进行高效的数值计算、统计分析、数据可视化等工作。

（7）人工智能和机器学习。Python 是人工智能和机器学习领域的热门语言，通过

TensorFlow、PyTorch 等深度学习框架，可以构建和训练复杂的神经网络模型，实现各种智能应用。

2.2　Anaconda 的安装与使用

在 Python 编程领域，环境搭建是初学者必须掌握的基础技能。Anaconda 作为一款强大的 Python 发行版，为开发者提供了便捷的环境管理工具和丰富的科学计算库。

2.2.1　Anaconda 简介

Anaconda 是一个流行的 Python 数据科学和机器学习平台，它提供包含众多常用数据科学包和工具的集成环境。Anaconda 不仅可以简化 Python 环境的安装和配置，还允许用户轻松地管理和安装额外的 Python 包。

2.2.2　安装 Anaconda

1．下载 Anaconda 安装包

首先，访问 Anaconda 的官方网站，根据操作系统选择相应的 Anaconda 安装包进行下载。Anaconda 的下载界面如图 2-1 所示。

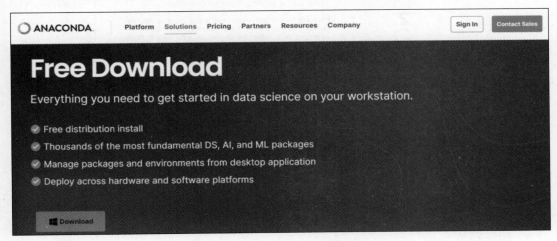

图 2-1　Anaconda 的下载界面

2．安装 Anaconda

下载完成后，双击安装包开始安装。在安装向导中，按照提示逐步进行操作。在安装过程中，可以选择安装 Anaconda 的路径以及是否将 Anaconda 添加到系统路径中。通常建议将 Anaconda 添加到系统路径中，以便在命令行中直接调用 Anaconda 相关工具。点击"Install"或"Finish"按钮分别开始和完成安装。Anaconda 的安装如图 2-2、图 2-3 所示。

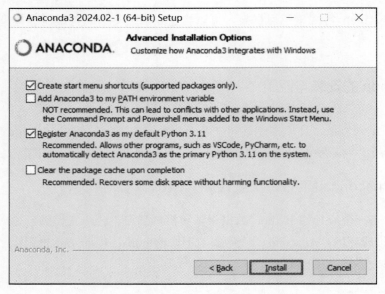

图 2-2　Anaconda 的安装 1

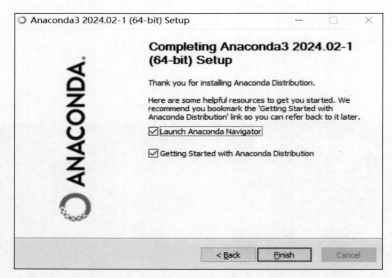

图 2-3　Anaconda 的安装 2

3．验证安装

安装完成后，可以通过以下步骤验证 Anaconda 是否被成功安装。

打开命令执行窗口（在 Windows 中可以是 CMD 或 PowerShell，在 macOS 或 Linux 中可以是 Terminal）。执行 conda --version 命令，如果成功显示 conda 的版本号，则说明 Anaconda 已被成功安装。执行 python --version 或 python3 --version 命令，查看 Python 的版本信息。由于 Anaconda 自带 Python 解释器，因此应能够显示相应的版本号。Anaconda 的安装验证如图 2-4 所示。

图 2-4　Anaconda 的安装验证

4. 使用 Anaconda Navigator

Anaconda Navigator 是一个桌面应用程序，它提供了一个易于使用的图形用户界面来启动和管理各种应用，如 Jupyter Notebook、Spyder 等。安装完成后，可以找到并打开 Anaconda Navigator，通过它来启动和管理 Python 项目。

5. 注意事项

在安装过程中，如果遇到任何权限问题或错误提示，请确保有足够的权限来安装软件，并尝试以管理员身份运行安装包。

如果系统已经安装了 Python 或其他科学计算包，安装 Anaconda 可能会导致版本冲突。在安装之前，考虑是否需要卸载旧版本的 Python 和相关包。

Anaconda 会定期发布更新版本，为了获得更好的性能和安全性，建议定期检查并更新 Anaconda 到最新版本。

通过以上操作，应该能够成功安装 Anaconda。

2.2.3　使用 Spyder

Spyder 是一个基于 Python 的科学计算集成开发环境（IDE），它是 Anaconda 发行版中默认包含的一个组件。Spyder 提供了代码编辑器、变量查看器、文件查看器、调试器等功能，使 Python 编程更加便捷和高效。

1. 启动 Spyder

安装完 Anaconda 后，Spyder 通常会自动安装并集成在 Anaconda Navigator 中。可以通过以下步骤启动 Spyder。

（1）打开 Anaconda Navigator。

（2）在 Home 标签页中，会看到 Spyder 的图标。点击该图标即可启动 Spyder。另外，也可以通过命令行启动 Spyder。打开终端或命令提示符窗口，输入 spyder 命令，然后按回车键即可。

2. 使用 Spyder 编写和运行代码

下面是一个简单的示例，演示如何在 Spyder 中编写和运行 Python 代码。

（1）在 Spyder 的编辑器中新建一个 Python 文件，命名为 test.py。

（2）在编辑器中输入代码，具体代码如下。

```python
print("Hello, world!")
```

代码运行结果如图 2-5 所示。

Hello, world!

图 2-5　示例代码运行结果

2.3　变量

变量是程序中的一个基本元素，用于存储数据。在 Python 中，变量可以存储各种类型的数据，如整数、浮点数、字符串等。

2.3.1　变量定义

在 Python 中，变量是一个用于存储数据的标识符。变量的定义实际上是一个给标识符分配内存空间并存储值的过程。

2.3.2　变量赋值

在 Python 中，使用等号"="来给变量赋值。等号左边的是变量名，右边的是要赋给变量的值。示例如下。

```python
# 定义一个整数变量
age = 25
# 定义一个浮点数变量
height = 1.75
# 定义一个字符串变量
name = "Alice"
```

2.3.3　变量命名

在 Python 中，变量命名是一项重要的任务，因为良好的变量名可以提高代码的可读性和可维护性。变量名应该清晰、简洁，并准确描述变量的用途或所存储的数据。以下是一些关于变量命名的规则。

1．描述性命名

变量名应该具有描述性，能够清晰地表达变量的含义和用途。避免使用单个字符或过于简短的名称，除非它们有被广泛接受的含义（如 i 在循环中作为索引）。例如，使用 student_age 而不是 st 或 a。

2．使用小写字母和下画线

按照 Python 的命名惯例，变量名通常使用小写字母，并使用下画线分隔单词。这种命名方式被称为"小写加下画线"或"snake_case"。例如，first_name 和 last_name。

3. 避免使用 Python 保留字或关键字

Python 有一些保留字或关键字,它们具有特殊的含义,不能用作变量名。例如,if、for、while、class、def 等都是保留字。如果尝试使用这些保留字或关键字作为变量名,Python 解释器会抛出语法错误。

4. 避免使用内置函数和类的名称

同样,不应使用 Python 的内置函数和类的名称作为变量名,因为这可能会导致意外的行为或覆盖内置功能。例如,不应使用 list、dict、int 等作为变量名。

5. 使用有意义的缩写

如果变量名较长,可以考虑使用有意义的缩写,但要确保缩写在上下文中是清晰的。避免使用不常见的缩写,除非它们在特定领域或上下文中是广为人知的。

6. 遵守命名规范的一致性

在一个项目中,应保持变量命名的一致性。如果团队或组织有特定的命名规范或约定,应遵守这些规范或约定。图 2-6 所示为一些好的变量命名示例。

> student_name
> total_score
> average_grade
> first_day_of_month

图 2-6 好的变量命名示例

图 2-7 所示为一些不好的变量命名示例。

> sn(不够描述性)
> scoreTotal(不符合小写加下画线规范)
> list(使用了内置类名)
> if_condition(使用了保留字作为前缀)

图 2-7 不好的变量命名示例

总之,良好的变量名是提高代码质量和可读性的关键。通过遵循上述最佳实践和规则,可以编写出更易于理解和维护的 Python 代码。

2.4 数据类型

数据类型是编程中非常基础且重要的概念。它定义了数据的种类和可以进行的操作。Python 支持多种数据类型,包括数值型、字符型、逻辑型等。下面详细介绍这些数据类型。

2.4.1 数值型

数值型数据用于表示数字,Python 中的数值型数据包括整数和浮点数两种。

1. 整数

整数（Integer）是没有小数部分的数，可以是正数、负数或零。在 Python 中，可以直接赋一个整数给变量。整数赋值示例代码如下。

```
a = 10
b = -20
c = 0
```

2. 浮点数

浮点数（Float）是有小数部分的数，用于表示实数。在 Python 中，浮点数可以使用小数点来表示。浮点数赋值示例代码如下。

```
x = 3.14
y = 0.123
z = -45.67
```

2.4.2　字符型

字符型数据用于表示文本信息，在 Python 中称为字符串（String）。字符串是一系列字符的集合，可以是字母、数字、标点符号等。字符串必须放在英文状态下的引号内，引号可以是单引号（''）、双引号（""）或三引号（""" """）。字符串赋值示例代码如下。

```
s1 = 'Hello'
s2 = "World"
s3 = 'Python is fun!'
s4 = '''This is a multi-line string. '''
```

字符串是不可变的，这意味着不能直接修改字符串中的某个字符。但是，可以创建新的字符串或对原字符串进行切片、连接等操作。

2.4.3　逻辑型

逻辑型数据是用于表示真或假的布尔值，在 Python 中称为布尔（Boolean）类型数据。布尔类型数据只有两个值：True 和 False。布尔值常用于条件判断、循环控制等场景。布尔类型数据赋值示例代码如下。

```
is_rainy = True
is_hot = False
if is_rainy: print("Take an umbrella.")
if not is_hot: print("Wear a sweater.")
```

在上面的代码中，is_rainy 和 is_hot 是两个布尔变量，分别用于表示是否下雨和是否炎热。根据这些变量的值，可以执行不同的操作。

除了直接使用 True 和 False，Python 还允许通过比较操作符（如==、>、<等）或逻辑操作符（如 and、or、not 等）来得到布尔值。布尔值获得示例代码如下。

```
x = 5
y = 10
is_equal = x == y  # False
is_less = x < y  # True
```

在上面的代码中，is_equal 和 is_less 分别通过比较操作符==和<得到了布尔值。

2.5　数据结构

数据结构是计算机存储、组织数据的方式，使我们能够更加高效地对数据进行操作。Python 提供了多种内置的数据结构，每种数据结构都有其特定的用途和优点。下面将详细介绍 Python 中的几种常用数据结构。

2.5.1　列表

列表（List）是 Python 中最常用的数据结构之一，它是一个有序的元素集合。列表中的元素可以是任何数据类型，并且列表的长度是可变的。创建列表可以使用方括号[ ]或者 list()函数。

创建列表示例代码如下。

```
my_list = [1, 2, 3, 'a', 'b']
another_list = list('hello') # ['h', 'e', 'l', 'l', 'o']
```

列表支持索引、切片、添加、删除等多种操作。

2.5.2　元组

元组（Tuple）与列表类似，也是一个有序的元素集合。但是元组是不可变的，即创建后不能修改其内容。创建元组可以使用圆括号()或者 tuple()函数。创建元组示例代码如下。

```
my_tuple = (1, 2, 3, 'a', 'b')
another_tuple = tuple('hello') # ('h', 'e', 'l', 'l', 'o')
```

由于元组的不可变性，它通常用于表示那些不应该被改变的数据集合，如坐标点、数据库记录的键等。

2.5.3　字典

字典（Dictionary）是一个无序的键值对集合。每个键值对用冒号:分隔，键值对之间用逗号,分隔，整个字典包括在花括号{ }中。创建字典可以使用花括号{ }或者 dict()函数。创建字典示例代码如下。

```
my_dict = {'name': 'Alice', 'age': 25, 'city': 'New York'}
another_dict = dict(name='Bob', age=30, city='Los Angeles')
```

字典通过键来访问、修改或删除对应的值。

2.5.4　序列

在 Python 中，把列表、元组和字符串等可以迭代的数据类型统称为序列（Sequence）。序列支持索引、切片、长度计算、成员检查等操作。由于列表、元组和字符串等都是序列类型，它们之间可以相互转换，并可以使用相同的序列操作函数和方法。

2.5.5　数据框

数据框（DataFrame）是 pandas 库提供的一种二维表格型数据结构，它既有行索引也有列索引，可以存储不同类型的数据，并提供了大量的数据分析和操作功能。创建数据框通常使用 pandas 库的 DataFrame()函数，并传入一个二维数组、字典、Series 对象等。

【例 2-1】创建数据框代码示例，如下。

```
import pandas as pd
# 使用字典创建数据框
data = {'Name': ['Alice', 'Bob', 'Charlie'], 'Age': [25, 30, 35]}
df = pd.DataFrame(data)
# 显示数据框内容
print(df)
```

代码运行结果如图 2-8 所示。

```
      Name  Age
0    Alice   25
1      Bob   30
2  Charlie   35
```

图 2-8　代码运行结果

数据框非常适合用于数据处理和分析任务，它提供了丰富的数据清洗、转换、聚合等操作。

2.6　函数

函数是组织好的、可重复使用的、用来执行特定任务的代码块。它们使代码更加模块化，提高了代码的可读性和可维护性。

2.6.1　函数简介

在 Python 中，函数是通过 def 关键字来定义的。函数的定义包括函数名、参数列表和函数体。当函数被调用时，Python 会执行函数体中的代码。简单的函数定义示例代码如下。

```
def greet(name):
    print(f"Hello, {name}!")
# 调用函数
greet("Alice") # 输出: Hello, Alice!
```

在上面的例子中，定义了一个名为 greet 的函数，它接收一个参数 name，并在函数体中使用 print()函数输出一条问候信息。通过调用 greet("Alice")，执行了这个函数，并传入了参数"Alice"。

2.6.2　Python 内置函数

Python 提供了大量的内置函数，这些函数可以直接在程序中调用，无须定义。它们提供了许多常用的功能，如类型转换、数学运算、序列操作等。

表 2-1 所示是一些常用的 Python 内置函数示例。

表 2-1　　　　　　　　　　　　常用的 Python 内置函数示例

函数	描述
len(s)	返回对象（如字符串、列表、元组等）的长度
type(object)	返回对象的类型
int(x)	将 x 转换为一个整数
float(x)	将 x 转换为一个浮点数
str(object)	将对象转换为字符串
max(x, y, ...)	返回给定参数中的最大值
min(x, y, ...)	返回给定参数中的最小值

【例 2-2】Python 内置函数使用示例，代码如下。

```
#LT2-2
# 定义 num 变量
num = 10
# 将 num 转换为浮点数并输出其类型
float_num = float(num)
print(type(float_num)) # 输出: <class 'float'>
# 查找最大值和最小值
nums = [1, 3, 9, 7, 5]
print(max(nums)) # 输出: 9
print(min(nums)) # 输出: 1
```

2.6.3　使用函数

使用函数可以简化代码，提高代码的可读性和复用性。

【例 2-3】计算一个列表中所有数字的平方和，代码如下。

```
def sum_of_squares(numbers):
    total = 0
    for num in numbers:
      total += num ** 2
    return total
# 使用函数
numbers = [1, 2, 3, 4, 5]
result = sum_of_squares(numbers)
print(result) # 输出: 55 (1^2 + 2^2 + 3^2 + 4^2 + 5^2)
```

在上面的例子中，我们定义了一个名为 sum_of_squares 的函数，它接收一个数字列表作为参数，并计算列表中所有数字的平方和。通过调用这个函数并传入一个数字列表，我们得到了这些数字的平方和。

函数不仅可以接收位置参数，还可以接收默认参数、可变参数和关键字参数等，这使函数的使用更加灵活和方便。

2.7　程序结构

程序结构是编程中组织代码的方式，它决定了代码的执行流程。Python 提供了多种程序结构，包括顺序结构、选择结构和循环结构。

2.7.1　顺序结构

顺序结构是基本的程序结构，它按照代码的书写顺序从上到下依次执行。Python 解释器会按照程序中语句的顺序，一条一条地执行。

【例 2-4】顺序结构示例，代码如下。

```
# 顺序结构示例
print("这是第一条语句")
print("这是第二条语句")
print("这是第三条语句")
```

代码运行结果如图 2-9 所示。

这是第一条语句
这是第二条语句
这是第三条语句

图 2-9　顺序结构代码运行结果

2.7.2　选择结构

选择结构允许程序根据条件执行不同的代码块。Python 中使用 if、elif 和 else 等关键字来实现选择结构。

【例 2-5】选择结构示例，代码如下。

```
x = 10
if x > 0:
  print("x is positive")
elif x < 0:
  print("x is negative")
else:
  print("x is zero")
```

代码运行结果如图 2-10 所示。

x is positive

图 2-10　选择结构代码运行结果

2.7.3　循环结构

循环结构允许程序重复执行一段代码，直到满足某个条件。Python 提供了 for 和 while 两种循环结构。

1．for 循环

for 循环用于遍历序列（如列表、元组、字符串等）或迭代器对象。

【例 2-6】for 循环示例，代码如下。

```python
fruits = ['apple', 'banana', 'cherry']
for fruit in fruits:
 print(fruit)
```

代码运行结果如图 2-11 所示。

```
apple
banana
cherry
```

图 2-11　for 循环结构代码运行结果

2．while 循环

while 循环在条件为真时重复执行代码块。

【例 2-7】while 循环示例，代码如下。

```python
count = 0
while count < 5:
    print(count)
    count += 1
```

代码运行结果如图 2-12 所示。

```
0
1
2
3
4
```

图 2-12　while 循环结构代码运行结果

2.7.4　程序结构应用实例

下面介绍一个使用选择结构和循环结构的综合应用示例，这个示例计算一个学生成绩的等级。

假设有一个学生的分数列表，我们需要根据分数来评定等级。

90 分及以上：A 级。

80～89 分：B 级。

70～79 分：C 级。

60～69 分：D 级。

60 分以下：E 级。

我们将遍历分数列表，对每一个分数进行等级评定，并输出出来。

【例 2-8】学生分数等级评定示例。代码如下。

```python
# 定义一个分数列表
scores = [95, 88, 76, 65, 58, 92, 81, 70]
# 定义一个函数，用于根据分数返回等级
def get_grade(score):
    if score >= 90:
        return 'A'
    elif score >= 80:
        return 'B'
    elif score >= 70:
        return 'C'
    elif score >= 60:
        return 'D'
    else:
        return 'E'
# 遍历分数列表，输出每个分数的等级
for score in scores:
    grade = get_grade(score)
    print(f"分数：{score}，等级：{grade}")
```

这个程序首先定义了一个分数列表 scores。然后定义了一个函数 get_grade()，使用选择结构（if-elif-else）来根据分数返回相应的等级。最后，程序使用循环结构（for 循环）来遍历分数列表，对每一个分数调用 get_grade()函数，并输出分数和对应的等级。

代码运行结果如图 2-13 所示。

```
分数：95，等级：A
分数：88，等级：B
分数：76，等级：C
分数：65，等级：D
分数：58，等级：E
分数：92，等级：A
分数：81，等级：B
分数：70，等级：C
```

图 2-13　学生分数等级评定代码运行结果

2.8　模块

模块是 Python 中组织代码的一种方式，它允许将相关的函数和类等封装在一起，以便于复用和维护。通过导入模块，我们可以使用其中定义的函数、类等。

2.8.1　模块简介

模块是一个包含 Python 定义和语句的文件。文件名就是模块名加上扩展名.py。模块中可以定义函数、类和变量。通过在其他文件中导入模块，我们可以使用模块中定义的函数、类和变量。Python 中有很多内置模块，如 os、sys、math 等，这些模块提供了大量的功能和工具。此外，我们还可以创建自定义模块，以满足特定的需求。

2.8.2　Python 标准模块

Python 标准库内置了许多标准模块，这些模块涉及文件操作、网络编程、字符串处理、数学运算等各个方面。表 2-2 所示是一些常用的 Python 标准模块示例。

表 2-2　　　　　　　　　　　　　　常用 Python 标准模块示例

模块	功能
os	提供与操作系统交互的函数，如文件操作、目录管理等
sys	提供与 Python 解释器交互的函数，如访问命令行参数等
math	提供数学运算的函数，如三角函数、对数函数等
random	用于生成随机数
re	用于正则表达式匹配和处理

【例 2-9】标准模块使用示例，代码如下。

```
import os
import sys
# 使用 os 模块获取当前工作目录
current_dir = os.getcwd()
print(f"Current directory: {current_dir}")
# 使用 sys 模块获取命令行参数
print(f"Command line arguments: {sys.argv}")
```

2.8.3　使用模块

要使用模块中的函数、类或变量，我们首先需要导入模块。Python 提供了多种导入模块的方式。

1. 导入整个模块

使用 import 关键字可以导入整个模块，然后通过模块名来访问其中的函数、类或变量。

【例 2-10】导入模块使用示例，代码如下。

```
import math
# 使用 math 模块中的 sqrt()函数计算平方根
root = math.sqrt(16)
print(root) # 输出: 4.0
```

2. 导入模块中的特定部分

我们可以使用 from ... import ...语句从模块中导入特定的函数、类或变量，这样可以直接使用它们，而不需要通过模块名来访问。

【例 2-11】导入模块中的特定函数使用示例，代码如下。

```
from math import sqrt
# 直接使用 sqrt() 函数计算平方根
root = sqrt(16)
print(root) # 输出: 4.0
```

3. 导入模块并为其指定别名

如果模块名太短（太长）或可能与当前代码中的变量名冲突，我们可以使用 as 关键字为模块指定一个别名。

【例 2-12】导入模块并指定别名使用示例，代码如下。

```
import os as operating_system
# 使用别名访问 os 模块中的函数
current_dir = operating_system.getcwd()
print(current_dir)
```

4. 自定义模块

除了标准模块，我们还可以创建自定义模块。只需要创建一个以.py 为扩展名的文件，并在其中定义函数、类和变量。然后，在其他 Python 文件中，我们可以使用 import 语句导入这个自定义模块并使用其中的函数、类和变量。

【例 2-13】自定义模块示例，代码如下。

```
def greet(name):
print(f"Hello, {name}!")
```

在另一个 Python 文件中导入并使用这个自定义模块，代码如下。

```
# main.py
import my_module
my_module.greet("Alice") # 输出: Hello, Alice!
```

2.9 应用实例——猜数游戏

2-1 猜数游戏

在这一节中，我们将通过编写一个简单的猜数游戏来实践之前学习的 Python 知识。这个游戏由计算机随机生成一个数字，然后玩家需要猜出这个数字是多少。

游戏规则如下。

（1）计算机随机生成一个 1 到 100 之间的整数。

（2）玩家输入一个猜测的数字。

（3）如果玩家猜对了，游戏结束并显示恭喜信息。

（4）如果玩家猜错了，游戏会提示玩家猜的数字是太大还是太小，并让玩家继续猜测，直到猜对。

【例 2-14】猜数游戏。代码如下。

```
# 第2章应用实例.py
import random
def guess_number_game():
```

```
number_to_guess = random.randint(1, 100)  # 生成一个 1 到 100 之间的随机数
attempts = 0  # 记录尝试次数
print("欢迎来到猜数游戏！")
print("我已经想好了一个 1 到 100 之间的数字，你需要猜出这个数字是多少。")
while True:
    guess = int(input("请输入你的猜测（1~100）: "))
    attempts += 1
    if guess < number_to_guess:
        print("猜小了，再试一次！")
    elif guess > number_to_guess:
        print("猜大了，再试一次！")
    else:
        print(f"恭喜你，猜对了！你进行了{attempts}次尝试。")
        break  # 猜对后退出循环
# 开始游戏
guess_number_game()
```

在这个程序中，首先导入了 random 模块，以便使用 randint()函数生成随机数。然后，定义了一个名为 guess_number_game 的函数，用于实现游戏的逻辑。在函数内部，使用一个 while 循环来不断获取玩家猜测的值，到猜对为止。此外，还使用了一个变量 attempts 来记录玩家猜了多少次。最后，调用了 guess_number_game()函数来开始游戏。运行这段代码，就可以体验这个简单的猜数游戏了。代码运行结果如图 2-14 所示。

```
欢迎来到猜数游戏！
我已经想好了一个1到100之间的数字，你需要猜出这个数字是多少。
请输入你的猜测（1~100）: 50
猜大了，再试一次！
请输入你的猜测（1~100）: 35
猜小了，再试一次！
请输入你的猜测（1~100）: 40
猜小了，再试一次！
请输入你的猜测（1~100）: 45
猜大了，再试一次！
请输入你的猜测（1~100）: 43
猜大了，再试一次！
请输入你的猜测（1~100）: 42
猜大了，再试一次！
请输入你的猜测（1~100）: 41
恭喜你，猜对了！你进行了7次尝试。
```

图 2-14　猜数游戏代码运行结果

本章习题

1. 解释整数、浮点数、字符串和布尔值 4 种数据类型的特点。
2. Python 中有哪些内置的数据结构？请简要描述。
3. 解释什么是函数，说明函数在编程中的作用。

4．简述 Python 中的条件语句和循环语句的作用。

5．解释什么是模块，说明模块在 Python 编程中的用途。

本章实训

1．创建一个包含整数、浮点数、字符串和布尔值的列表。

2．编写一个程序，使用循环结构输出 1 到 100 之间的所有素数。

3．编写一个程序，要求用户输入一个整数，并判断该整数是正数、负数还是零。

4．导入 math 模块，并使用该模块中的 sqrt()函数计算一个数的平方根。

5．体重指数（BMI，body mass index）是通过体重（千克）除以身高（米）的平方得到的。编写一个程序，要求能够计算体重指数。

第 **3** 章 数据处理

数据处理是数据分析和数据挖掘的基石，它涉及数据的收集、整理、清洗、转换等一系列操作，以确保数据的准确性和一致性，为后续的分析和建模提供可靠的数据支持。在数据分析和数据挖掘的过程中，原始数据往往存在着各种问题，如存在缺失值、异常值、重复值，以及数据格式不一致等。这些问题如果得不到妥善处理，将会对后续的分析结果产生严重的影响。因此，数据处理是数据分析和数据挖掘过程中不可或缺的一步。通过数据处理，我们可以确保数据的准确性和一致性，提高分析结果的可靠性和有效性。本章将重点介绍如何使用 Python 进行数据处理，帮助我们掌握数据处理的基本方法和技巧。

本章学习目标

1．了解完整的数据处理流程，从数据导入导出、清洗、转换到可视化。

2．掌握数据导入导出的基本操作。

3．熟悉数据清洗技术，包括处理缺失值、重复值等。

4．了解如何利用 pandas 库和 NumPy 库等进行数据结构和数据分析，包括数据访问、清洗、抽取、合并和计算等操作。

5．熟练掌握 Python 数据处理技术。

3.1 数据导入导出

数据导入和导出是数据处理的重要环节之一，它涉及从外部数据源中加载数据，利用 Python 可对数据进行处理、分析或可视化，并最终将结果导出到其他格式文件或存储介质中。数据导入导出通常包括以下主要内容。

（1）**文件导入和导出**：导入通常指将外部文件或数据加载到程序或系统中进行处理或存储，而导出则是将程序或系统中的数据转移到外部文件或其他系统中。该操作通常用于不同应用程序之间的数据共享，或者将数据从一个环境转移到另一个环境，以便进一步处理、分析或分享。

（2）**数据库导入和导出**：数据从一个数据库导入另一个数据库或从数据库导出数据的过程。通常涉及将数据从一个数据库中提取，然后将其格式转换为适合目标数据库的格式，并将其加载到目标数据库中，或者从目标数据库中提取数据并将其导出到外部文件或其他数据库中。数据库导入和导出常用于数据迁移、备份和恢复、数据集成等应用场景。

（3）**网页数据导入和导出**：网页上的数据或信息从一个网站或应用程序导入另一个网站或应用程序，或者将数据从网页中导出到本地文件或其他系统中的过程。通常涉及从网页中提取数据，并对其格式进行转换；或者将其保存为本地文件，如 CSV、JSON 或 XML 格式的文件。网页数据导入和导出常用于网页爬取、数据采集以及网站迁移等应用场景，该内容将在本书第 6 章展开介绍。本节重点介绍 CSV 和 Excel 两种常见文件的操作。

3.1.1 数据导入

在数据导入阶段，首先要确保数据的来源可靠、格式统一，并且能够满足分析需求。pandas 是一个强大的数据分析库，提供了丰富的数据结构和数据操作功能，可以轻松导入、处理和分析各种格式的文件，如 CSV、Excel、JSON、SQL 和 HTML 等。

在 Python 中，文件导入通常指从外部文件中加载数据到 Python 程序中进行处理。具体的导入方式取决于文件的类型和数据的格式，本节以电影《第二十条》豆瓣评论数据为例展开介绍。

CSV 文件导入：CSV 是一种常用的文本文件格式，用于存储和交换以逗号为分隔符的数据，可以跨平台存储和传输数据。导入 CSV 文件数据通过调用 pandas 模块的 read_csv()方法实现。

【例 3-1】CSV 文件导入示例，代码如下。

```
# LT3-1.py
import pandas as pd
# 导入 CSV 文件
df = pd.read_csv('./example.csv')
print(df)
```

代码运行结果如图 3-1 所示。

```
     姓名   年龄        城市
0    Judy   20        Beijing
1    Mary   23       Shanghai
2    Mike   34      Guangzhou
3   Alice   25       New York
4     Bob   30    Los Angeles
5 Charlie   35        Chicago
6   David   40  San Francisco
```

图 3-1 CSV 文件导入代码运行结果

Excel 文件导入：Excel 文件有两种格式，分别为.xls 格式和.xlsx 格式。使用 pandas 库中的 read_excel()方法导入，read_excel()方法返回的结果是 DataFrame，DataFrame 的一列对应着 Excel 的一列。

【例 3-2】 Excel 文件导入示例，代码如下。

```
# LT3-2.py
import pandas as pd
# 导入 Excel 文件
df = pd.read_excel('./example.xlsx')
print(df)
```

代码运行结果如图 3-2 所示。

```
      姓名   年龄       城市
0    Judy     20      Beijing
1    Mary     23     Shanghai
2    Mike     34    Guangzhou
3   Alice     25     New York
4     Bob     30  Los Angeles
5 Charlie     35      Chicago
6   David     40 San Francisco
```

图 3-2　Excel 文件导入代码运行结果

3.1.2　数据导出

在导出数据时，需要注意数据的安全性和隐私保护。对于敏感数据，要进行适当的脱敏处理，避免数据泄露和滥用。同时，导出数据的格式也要考虑接收方的需求和使用习惯，确保数据的可用性和易用性。

CSV 文件导出：通过 pandas 库的 read_csv()方法读取"example.csv"文件的前 3 行数据，然后使用 pandas 库的 to_csv()方法将导入的数据输出为"example_new.csv"文件。

【例 3-3】 CSV 文件导出示例，代码如下。

```
# LT3-3.py
import pandas as pd
# 导入 example.csv 文件的前 3 行数据
df = pd.read_csv('./example.csv', sep = ',', encoding = 'utf-8', nrows = 3)
# 将数据保存到新文件中
df.to_csv('./example_new.csv', encoding = 'utf-8', index = False)
print(df)
```

代码运行结果如图 3-3 所示。

```
     姓名   年龄       城市
0  Judy     20      Beijing
1  Mary     23     Shanghai
2  Mike     34    Guangzhou
```

图 3-3　CSV 文件导出代码运行结果

Excel 文件导出：利用 pandas 库的 read_excel()方法读取"example.xlsx"文件前 3 行数据，然后使用 to_excel()方法将导入的数据输出为"example_new.xlsx"文件。

【例 3-4】 Excel 文件导出示例，代码如下。

```
# LT3-4.py
import pandas as pd
```

```
# 读取"example.xlsx"文件的前 3 行数据
df = pd.read_excel('./example.xlsx')
df1= df.head(3)
# 将数据导出为"example _new.xlsx"文件
df1.to_excel('./example _new.xlsx')
print(df1)
```

代码运行结果如图 3-4 所示。

```
     姓名    年龄      城市
0    Judy    20    Beijing
1    Mary    23    Shanghai
2    Mike    34    Guangzhou
```

图 3-4　Excel 文件导出代码运行结果

3.2　数据清洗

数据清洗是数据处理流程中至关重要的一部分，Python 中的数据清洗通常涉及多个步骤和技术，其目的是保证数据的质量和一致性，为后续分析或建模打下可靠的基础。接下来对数据清洗涉及的几个常见步骤展开介绍。

3.2.1　数据排序

以 pandas 为例，使用 sort_values()方法来对数据进行排序，数据的类型可以是列表、元组等可迭代对象。排序时，可以指定按照一个或多个列进行排序，并可以选择升序排列或降序排列。

【例 3-5】升序排列示例。代码如下。

```
# LT3-5.py
import pandas as pd
# 按列"A"进行升序排列
df = pd.DataFrame({'A': [5, 2, 8, 1, 9]})
sorted_df = df.sort_values(by='A')
print(sorted_df)
```

代码运行结果如图 3-5 所示。

```
     A
3    1
1    2
0    5
2    8
4    9
```

图 3-5　升序排列代码运行结果

【例 3-6】降序排列示例。代码如下。

```
# LT3-6.py
import pandas as pd
df = pd.DataFrame({'A': [5, 2, 8, 1, 9]})
# 按列 "A" 进行降序排列
sorted_df_desc = df.sort_values(by='A', ascending=False)
print(sorted_df_desc)
```

代码运行结果如图 3-6 所示。

```
   A
4  9
2  8
0  5
1  2
3  1
```

图 3-6　降序排列代码运行结果

3.2.2　重复数据处理

检测数据中的重复值，并根据需要删除或合并重复的记录。以 pandas 为例，使用 duplicated()函数和 drop_duplicates()函数来识别和处理重复行。

duplicated()函数用于标识 DataFrame 中的重复行。在默认情况下，对于重复的行，第一次出现不被视为重复。

【例 3-7】duplicated()函数识别重复值示例。代码如下。

```
# LT3-7.py
import pandas as pd
# 创建一个包含重复值的 DataFrame
data = {'A': [1, 1, 2, 3, 3],
        'B': ['a', 'b', 'b', 'c', 'c']}
df = pd.DataFrame(data)
# 查找重复行
duplicate_rows = df.duplicated()
print("\n 重复行标记: ")
print(duplicate_rows)
# 删除重复行
df_no_duplicates = df.drop_duplicates()
print("\n 删除重复行后的 DataFrame:")
print(df_no_duplicates)
```

代码运行结果如图 3-7 所示。

drop_duplicates()函数用于删除 DataFrame 中的重复行。其作用是去除 DataFrame 中的重复行，并返回一个新的 DataFrame，其中每行都是唯一的。

33

```
重夏行标记:
0      False
1      False
2      False
3      False
4       True
dtype: bool


删除重复行后的DataFrame:
    A  B
0  1  a
1  1  b
2  2  b
3  3  c
```

图 3-7　删除重复行代码运行结果

【例 3-8】drop_duplicates()函数删除重复值示例。代码如下。

```
# LT3-8.py
import pandas as pd
# 创建一个包含重复值的 DataFrame
data = {'A': [1, 1, 2, 3, 3],
        'B': ['a', 'b', 'b', 'c', 'c']}
df = pd.DataFrame(data)
# 删除重复行
df_no_duplicates = df.drop_duplicates()
print(df_no_duplicates)
```

代码运行结果如图 3-8 所示。

```
    A  B
0  1  a
1  1  b
2  2  b
3  3  c
```

图 3-8　使用 drop_duplicates()函数删除重复值代码运行结果

3.2.3　缺失值处理

检测数据中的缺失值并确定缺失的原因，可以使用均值、中位数、众数等统计量填充缺失值。在某些情况下，可以选择删除包含缺失值的行或列。以 pandas 为例，使用 isnull()方法查找缺失值并将其标记为 True，接着使用 dropna()方法删除包含缺失值的行，以及使用 fillna()方法填充缺失值，这里将缺失值填充为"NA"。

【例 3-9】缺失值处理示例，代码如下。

```
# LT3-9.py
```

```
import pandas as pd
# 创建包含缺失值的 DataFrame
data = {'A': [1, 2, None, 4, 5],
        'B': [None, 'b', 'c', None, 'e']}
df = pd.DataFrame(data)
# 查找缺失值
missing_values = df.isnull()
print("\n 缺失值标记: ")
print(missing_values)
# 删除包含缺失值的行
df_dropna = df.dropna()
print("\n 删除缺失值后的 DataFrame:")
print(df_dropna)
# 填充缺失值
df_fillna = df.fillna('NA')
print("\n 填充缺失值后的 DataFrame:")
print(df_fillna)
```

代码运行结果如图 3-9 所示。

```
缺失值标记:
       A      B
0  False   True
1  False  False
2   True  False
3  False   True
4  False  False

删除缺失值后的DataFrame:
     A  B
1  2.0  b
4  5.0  e

填充缺失值后的DataFrame:
     A   B
0  1.0  NA
1  2.0   b
2   NA   c
3  4.0  NA
4  5.0   e
```

图 3-9　缺失值处理

3.3　数据转换

　　数据转换涉及将数据从一个形式或结构转换为另一个形式或结构，以便于后续分析或可视化。在实际应用中，根据数据的特点和分析需求选择具体类型进行数据转换操作，以实现数据的正确性和一致性。本节展开介绍数据转换涉及的几个常见步骤。

3.3.1 数据类型查看

查看数据类型的方法有很多，以下是几种常用的方法。

1. 使用 type()函数

type()函数的作用是查询括号中内容的数据类型。仅使用 type()函数时，运行代码，我们看不到任何输出，代码也不会报错。因为 type()函数只能完成数据类型的查询，不能实现输出。表 3-1 介绍 type()函数常见的部分返回值。

表 3-1   type()函数常见的部分返回值

返回值	描述
str	数据类型为字符串
int	数据类型为整数
float	数据类型为浮点数
list	数据类型为列表
dict	数据类型为字典

【例 3-10】使用 type()函数查看数据类型示例。代码如下。

```
# LT3-10.py
data = 10
print(type(data))  # 输出：<class 'int'>
data = 'Hello'
print(type(data))  # 输出：<class 'str'>
data = [1, 2, 3]
print(type(data))  # 输出：<class 'list'>
data = {'a': 1, 'b': 2}
print(type(data))  # 输出：<class 'dict'>
```

代码运行结果如图 3-10 所示。

```
<class 'int'>
<class 'str'>
<class 'list'>
<class 'dict'>
```

图 3-10   使用 type()函数查看数据类型

2. 使用 isinstance()函数

isinstance()函数为 Python 的一个内置函数，用于检查一个对象是否是指定的类型，或者是否属于指定类型的子类。它的语法为 isinstance(object, classinfo)，object 表示要检查的对象，classinfo 可以是一个类、类型或者由类对象组成的元组。

【例 3-11】使用 isinstance()函数查看数据类型示例。代码如下。

```
# LT3-11.py
data = 10
```

```
print(isinstance(data, int))  # 输出: True
data = 'Hello'
print(isinstance(data, str))  # 输出: True
data = [1, 2, 3]
print(isinstance(data, list))  # 输出: True
data = {'a': 1, 'b': 2}
print(isinstance(data, dict))  # 输出: True
```

代码运行结果如图 3-11 所示。

True
True
True
True

图 3-11　使用 isinstance()函数查看数据类型

3. 使用__class__属性

Python 中的每个对象都有一个__class__属性，它是一个指向对象所属类的引用。通过访问__class__属性，我们可以查看对象的数据类型。

【例 3-12】使用__class__属性查看数据类型示例。代码如下。

```
# LT3-12.py
data = 10
print(data.__class__)  # 输出: <class 'int'>
data = 'Hello'
print(data.__class__)  # 输出: <class 'str'>
data = [1, 2, 3]
print(data.__class__)  # 输出: <class 'list'>
data = {'a': 1, 'b': 2}
print(data.__class__)  # 输出: <class 'dict'>
```

代码运行结果如图 3-12 所示。

<class 'int'>
<class 'str'>
<class 'list'>
<class 'dict'>

图 3-12　使用___class___属性查看数据类型

4. 使用 type()函数结合__name__属性

使用__name__属性来查看对象的类型，需要注意的是，该属性并不是所有对象都具有，只有一些特殊的内置对象才具有。

【例 3-13】使用 type()函数结合__name__属性查看数据类型示例。代码如下。

```
# LT3-13.py
data = 10
print(type(data).__name__)  # 输出: int
data = 'Hello'
```

```
print(type(data).__name__)  # 输出: str
data = [1, 2, 3]
print(type(data).__name__)  # 输出: list
data = {'a': 1, 'b': 2}
print(type(data).__name__)  # 输出: dict
```

代码运行结果如图 3-13 所示。

```
int
str
list
dict
```

图 3-13　使用 type()函数结合__name__属性查看数据类型

3.3.2　数值转字符串

使用 Python 中的 str()函数可将数值转换为字符串。

【例 3-14】使用 str()函数转换示例。代码如下。

```
# LT3-14.py
num =123
str_num =str(num)
print(str_num)  #输出：123
print(type(str_num))  #输出：<class 'str'>
```

代码运行结果如图 3-14 所示。

```
123
<class 'str'>
```

图 3-14　使用 str()函数将数值转换成字符串

3.3.3　字符串转数值

使用 Python 中的 int()或 float()函数可将字符串转换为数值。如果字符串表示的是整数，则使用 int()函数；如果字符串表示的是浮点数，则使用 float()函数。

【例 3-15】使用 int()或 float()函数将字符串转换成数值示例。代码如下。

```
# LT3-15.py
str_num = '123'
num = int(str_num)
print(num)  # 输出：123
print(type(num))  # 输出：<class 'int'>
str_float = '3.14'
float_num = float(str_float)
print(float_num)  # 输出：3.14
print(type(float_num))  # 输出：<class 'float'>
```

代码运行结果如图 3-15 所示。

```
123
<class 'int'>
3.14
<class 'float'>
```

图 3-15   使用 int()或 float()函数将字符串转换成数值

3.3.4   字符串转日期时间对象

使用 Python 中的 datetime.strptime()函数可将字符串转换为日期时间对象。需要提供一个格式化字符串，以指示输入字符串的日期时间格式。"%Y-%m-%d %H:%M:%S"是格式化字符串，它指示 str_date 的格式为"年-月-日 时:分:秒"。datetime.strptime()函数将输入字符串 str_date 根据指定的格式转换为日期时间对象。

【例 3-16】使用 datetime.strptime()函数将字符串转换为日期时间对象示例。代码如下。

```python
# LT3-16.py
from datetime import datetime
str_date = '2024-03-25 12:30:00'
date_time_obj = datetime.strptime(str_date, '%Y-%m-%d %H:%M:%S')
print(date_time_obj)  # 输出: 2024-03-25 12:30:00
print(type(date_time_obj))  # 输出: <class 'datetime.datetime'>
```

代码运行结果如图 3-16 所示。

```
2024-03-25 12:30:00
<class 'datetime.datetime'>
```

图 3-16   使用 datetime.strptime()函数将字符串转换为日期时间对象

3.3.5   日期时间对象转字符串

使用 Python 中的 strftime()函数可将日期时间对象转换为字符串。需要提供一个格式化字符串，以指示输出字符串的日期时间格式。strftime()函数将日期时间对象 time_obj 根据指定的格式转换为字符串。

【例 3-17】使用 strftime()函数转换示例。代码如下。

```python
# LT3-17.py
from datetime import datetime
# 创建一个日期时间对象
time_obj = datetime.now()
# 将日期时间对象转换为字符串
str_time = time_obj.strftime('%Y-%m-%d %H:%M:%S')
print(str_time)  # 输出当前日期时间
print(type(str_time))  # 输出: <class 'str'>
```

代码运行结果如图 3-17 所示。

```
2024-04-05 16:13:08
<class 'str'>
```

图 3-17   使用 strftime()函数将日期时间对象转换为字符串

3.4   数据抽取

数据抽取是数据处理的重要环节之一，它涉及从不同的数据源中提取出所需的数据。其目的是获取原始数据，为后续的数据分析、建模、可视化等工作打下坚实的基础。

3.4.1   字符串拆分

字符串拆分可以通过使用字符串的 split()方法或者正则表达式模块 re 来实现，选择哪一种取决于具体的场景和需求。如果只是简单地按照固定的分隔符进行拆分，使用字符串的 split()方法更加简便。如果需要更灵活的拆分方式，使用正则表达式模块 re 来处理复杂的拆分逻辑。

1．使用字符串的 split()方法

将字符串 data 按照逗号进行拆分，并将拆分后的结果存储在列表 split_data 中。

【例 3-18】使用字符串的 split()方法拆分示例。代码如下。

```python
# LT3-18.py
data ="John,Doe,30"
split_data =data.split(',')   #按照逗号进行拆分
print(split_data)  #输出：['John','Doe','30']
```

代码运行结果如图 3-18 所示。

```
['John', 'Doe', '30']
```

图 3-18   使用字符串的 split()方法拆分字符串

2．使用正则表达式模块 re

参数中第一个参数是分隔符，第二个参数是要拆分的字符串。

【例 3-19】使用正则表达式模块 re 拆分示例。代码如下。

```python
# LT3-19.py
import re
data = "John;Doe,30"
split_data = re.split(pattern=',', string=data)
print(split_data)  # 输出：['John', 'Doe', '30']
```

代码运行结果如图 3-19 所示。

```
['John', 'Doe', '30']
```

图 3-19   使用正则表达式模块 re 拆分字符串

3.4.2　记录抽取

抽取数据并将其存储到某个地方，可以使用抽取到文件、抽取到数据框等方法，选择哪种方法取决于需求和数据形式。下面介绍一些常见的记录抽取方法。

1．抽取到文件

将抽取的记录写入文本文件中，每行一个记录，使用文件操作进行写入。

【例 3-20】记录抽取到文件示例。代码如下。

```python
# LT3-20.py
# 假设 records 是一个包含多个元组的列表
records = [('John', 'Doe', 30), ('Jane', 'Smith', 25), ('Bob', 'Johnson', 35)]
# 将记录写入文件中
with open('records.txt', 'w') as file:
    for record in records:
        file.write(','.join(map(str, record)) + '\n')
```

代码运行结果如图 3-20 所示。

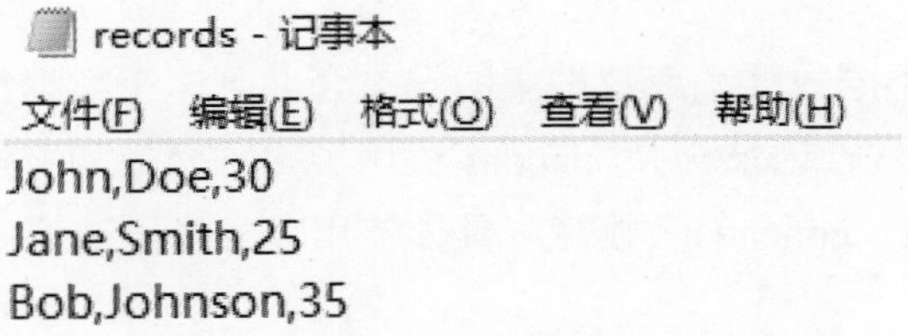

图 3-20　记录抽取到文件

2．抽取到数据框

使用 pandas，如果数据以 DataFrame 的形式存在，可以直接使用 pandas 将数据保存到文件中。

【例 3-21】记录抽取到数据框示例。代码如下。

```python
# LT3-21.py
import pandas as pd
# 假设 records 是一个包含多个元组的列表
records = [('John', 'Doe', 30), ('Jane', 'Smith', 25), ('Bob', 'Johnson', 35)]
# 将记录存储到 DataFrame 中
df = pd.DataFrame(records, columns=['名', '姓', '年龄'])
# 将 DataFrame 写入 CSV 文件中
df.to_csv(path_or_buf="records.csv", index=False)
```

随后，导出"records.csv"文件内容，代码如下。

```python
import pandas as pd
# 读取 CSV 文件
df = pd.read_csv("records.csv")
# 输出 DataFrame 的内容
print(df)
```

代码运行结果如图 3-21 所示。

```
            名          姓      年龄
0         John        Doe      30
1         Jane       Smith     25
2          Bob      Johnson    35
```

图 3-21　记录抽取到数据框

3.5　数据合并

数据合并是将来自不同数据源或数据集的信息合并到一个数据结构中的过程。这个过程通常涉及对具有共同特征或键的数据集进行连接、合并或拼接，可以帮助我们更全面地理解数据，发现数据之间的关系，提取有用的信息。数据合并可以根据不同情况采用不同的合并类型，下面进行具体介绍。

3.5.1　记录合并

记录合并是将来自不同数据源或数据集的记录合并到一个数据结构中的过程。可以使用Python 中的 pandas 库来进行记录合并。pandas 提供了多种函数和方法来实现不同类型的记录合并，包括 merge()函数、concat()函数等，具体使用哪种函数或方法取决于数据的结构和合并需求。

1. 使用 merge()函数

merge()函数可以根据指定的列或索引进行合并，可以基于两个 DataFrame 的共同列进行合并。使用 merge()函数将数据框 df1 和 df2 根据共同的列 ID 进行内连接（inner join）合并，得到一个合并后的数据框 merged_df。

【例 3-22】使用 merge()函数合并记录示例。代码如下。

```python
# LT3-22.py
import pandas as pd
# 假设 records 是一个包含多个元组的列表
records =[('John','Doe',30),('Jane','Smith',25),('Bob','Johnson',35)]
# 假设有两个数据框 df1 和 df2
df1=pd.DataFrame({'编号':[1,2,3],'姓名':['John','Jane','Bob']})
df2=pd.DataFrame({'编号':[1,2,3],'年龄':[30,25,35]})
# 根据共同的列 ID 进行合并
merged_df =pd.merge(df1,df2,on='编号',how='inner')
print(merged_df)
```

代码运行结果如图 3-22 所示。

```
     编号    姓名    年龄
0     1    John    30
1     2    Jane    25
2     3    Bob     35
```

图 3-22　使用 merge()函数合并记录

2．使用 concat()函数

concat()函数用于在指定轴上连接多个数据框，对 series 或 DataFrame 进行行拼接或列拼接。使用 concat()函数沿着行方向（axis=0）合并数据框 df1 和 df2，得到一个合并后的数据框 concatenated_df。

【**例 3-23**】使用 concat()函数合并记录示例。代码如下。

```python
# LT3-23.py
import pandas as pd
# 假设有两个数据框 df1 和 df2
df1 = pd.DataFrame({'编号': [1, 2, 3], '姓名': ['John', 'Jane', 'Bob']})
df2 = pd.DataFrame({'编号': [4, 5, 6], '姓名': ['Alice', 'David', 'Eva']})
# 沿着行方向（axis=0）合并两个数据框
concatenated_df = pd.concat(objs=[df1, df2], axis=0)
print(concatenated_df)
```

代码运行结果如图 3-23 所示。

```
     编号     姓名
0     1    John
1     2    Jane
2     3     Bob
0     4   Alice
1     5   David
2     6     Eva
```

图 3-23　使用 concat()函数合并记录

3．使用 join()方法

可以使用 Python 中的 join()方法来合并记录（即列表、元组等可迭代对象）中的元素。join()方法是用于字符串对象的方法，它将可迭代对象中的元素连接起来，形成一个新的字符串。假设有一个包含多个元素的列表 records，可以使用 join()方法将列表中的元素连接起来，以空格或其他字符作为分隔符。使用 join()方法可以将列表中的元素合并为一个字符串，这在处理记录或生成输出时非常方便。

【**例 3-24**】使用 join()方法合并记录示例。代码如下。

```python
# LT3-24.py
# 假设有一个包含多个元素的列表 records
records = ['John', 'Doe', '30']
# 使用 join()方法将列表中的元素连接起来，以空格作为分隔符
record_str = ' '.join(records)
print(record_str)  # 输出：John Doe 30
# 也可以使用其他字符作为分隔符
record_str_with_comma = ','.join(records)
print(record_str_with_comma)  # 输出：John,Doe,30
```

代码运行结果如图 3-24 所示。

43

```
John Doe 30
John,Doe,30
```

图 3-24　使用 join()方法合并记录

3.5.2　字段合并

字段合并通常指将字符串字段或列表字段中的元素合并成一个字符串。可以使用 Python 中的字符串连接操作或者使用字符串格式化来实现字段合并。

1. 使用字符串连接操作

【例 3-25】使用字符串连接操作合并字段示例。代码如下。

```python
# LT3-25.py
first_name = 'John'
last_name = 'Doe'
age = 30
# 输出：John Doe
full_name = first_name + ' ' + last_name
print(full_name)
# 输出：John Doe, 30 years old
info = full_name + ', ' + str(age) + ' years old'
print(info)
```

代码运行结果如图 3-25 所示。

```
John Doe
John Doe, 30 years old
```

图 3-25　使用字符串连接操作合并字段

2. 使用字符串格式化

【例 3-26】使用字符串格式化合并字段示例。代码如下。

```python
# LT3-26.py
first_name = 'John'
last_name = 'Doe'
age = 30
# 输出：John Doe
full_name = f"{first_name} {last_name}"
print(full_name)
# 输出：John Doe, 30 years old
info = f"{full_name}, {age} years old"
print(info)
```

代码运行结果如图 3-26 所示。

```
John Doe
John Doe, 30 years old
```

图 3-26　使用字符串格式化合并字段

如果需要更复杂的字段合并操作，可以使用 Python 的字符串方法或正则表达式来处理。

【例 3-27】使用字符串方法和正则表达式合并字段示例。代码如下。

```python
# LT3-27.py
import re
first_name = 'John'
last_name = 'Doe'
age = 30
# 使用字符串方法
full_name = ' '.join([first_name, last_name])
print(full_name)
# 使用正则表达式
info = re.sub(pattern=r'\s+', repl=' ', string=f"{full_name}, {age} years old").strip()
print(info)
```

代码运行结果如图 3-27 所示。

```
John Doe
John Doe, 30 years old
```

图 3-27　使用字符串方法和正则表达式合并字段

3.5.3　字段匹配

字段匹配通常指根据某种条件对两个数据集中的字段进行匹配。这种匹配可以基于字段的值进行，也可以基于字段之间的关系进行。pandas 是一个强大的数据处理库，在处理字段匹配时非常有用，它提供了多种实现字段匹配的方法。本节主要介绍两种常见的字段匹配方法。

1. 使用 merge()函数进行字段匹配

【例 3-28】使用 merge()函数进行字段匹配示例。代码如下。

```python
# LT3-28.py
import pandas as pd
# 假设有两个 DataFrame df1 和 df2，它们有一个共同的列 ID
df1 = pd.DataFrame({'编号': [1, 2, 3], '姓名': ['John', 'Jane', 'Bob']})
df2 = pd.DataFrame({'编号': [1, 2, 3], '年龄': [30, 25, 35]})
# 根据共同的列 ID 进行内连接（inner join）匹配
merged_df = pd.merge(df1, df2, on='编号', how='inner')
print(merged_df)
```

代码运行结果如图 3-28 所示。

```
   编号   姓名   年龄
0   1   John   30
1   2   Jane   25
2   3    Bob   35
```

图 3-28　使用 merge()函数进行字段匹配

2．使用 merge_asof()函数进行字段模糊匹配

【例 3-29】使用 merge_asof()函数进行字段模糊匹配示例。代码如下。

```
# LT3-29.py
import pandas as pd
# 假设有两个 DataFrame df1 和 df2，它们有一个共同的列日期
df1 = pd.DataFrame({'日期': ['2022-01-01', '2022-01-03', '2022-01-05'], '价值': [10,
20, 30]})
df2 = pd.DataFrame({'日期': ['2022-01-01', '2022-01-03', '2022-01-05'],'事件': ['A',
'B','C']})
# 将日期字符串转换为日期时间类型
df1['日期'] = pd.to_datetime(df1['日期'])
df2['日期'] = pd.to_datetime(df2['日期'])
# 根据日期列进行模糊匹配
merged_df = pd.merge_asof(df1, df2, on='日期')
print(merged_df)
```

代码运行结果如图 3-29 所示。

```
          日期      价值    事件
0  2022-01-01     10      A
1  2022-01-03     20      B
2  2022-01-05     30      C
```

图 3-29 使用 merge_asof()函数进行字段模糊匹配

3.6 数据计算

进行数据计算通常涉及使用数值运算、统计方法或者适当的数学函数来处理数据。在 Python 中常用的工具包括 NumPy 和 pandas 库，它们提供了丰富的函数和方法，可用于进行数据计算。本节主要对 3 种常见的数据计算操作方法展开介绍。

3.6.1 简单计算

当涉及简单的数值计算时，Python 提供了很多方便的方式。可以直接使用 Python 的基本运算符进行计算，也可以使用内置的数学函数进行计算。

1．使用基本运算符

【例 3-30】使用基本运算符计算示例。代码如下。

```
# LT3-30.py
# 加法
result_addition = 10 + 5
print("加法: ", result_addition)
# 减法
result_subtraction = 20 - 8
print("减法: ", result_subtraction)
# 乘法
result_multiplication = 6 * 4
```

```
print("乘法: ", result_multiplication)
# 除法
result_division = 50 / 10
print("除法: ", result_division)
```

代码运行结果如图 3-30 所示。

加法: **15**

减法: **12**

乘法: **24**

除法: **5.0**

图 3-30   使用基本运算符计算

2. 使用 Python 内置的数学函数

【例 3-31】使用 Python 内置的数学函数计算示例。代码如下。

```
# LT3-31.py
import math
# 平方根
result_sqrt = math.sqrt(16)
print("平方根: ", result_sqrt)
# 指数函数
result_exp = math.exp(2)
print("指数: ", result_exp)
# 对数函数
result_log = math.log(10)
print("自然对数: ", result_log)
# 绝对值
result_abs = abs(-7)
print("绝对值: ", result_abs)
```

代码运行结果如图 3-31 所示。

平方根: **4.0**

指数: **7.38905609893065**

自然对数: **2.302585092994046**

绝对值: **7**

图 3-31   使用 Python 内置的数学函数计算

3.6.2   时间计算

在进行时间计算通常涉及使用 Python 中的 datetime 模块或第三方库（如 pandas、dateutil 等）。下面展示了如何使用 datetime 模块和 pandas 库进行时间计算，可以根据具体的需求选择合适的方法来进行时间计算。

1. 使用 datetime 模块进行时间计算

【例 3-32】使用 datetime 模块计算示例。代码如下。

```
# LT3-32.py
from datetime import datetime, timedelta
```

3-1   使用 datetime
模块进行时间计算

```
# 获取当前时间
now = datetime.now()
# 加上一天
one_day_later = now + timedelta(days=1)
print("一天后: ", one_day_later)
# 减去一周
one_week_ago = now - timedelta(weeks=1)
print("一星期前: ", one_week_ago)
# 计算两个时间点之间的时间差
time_difference = one_day_later - one_week_ago
print("时间差: ", time_difference)
```

代码运行结果如图 3-32 所示。

```
一天后: 2024-04-11 14:41:09.110162
一星期前: 2024-04-03 14:41:09.110162
时间差: 8 days, 0:00:00
```

图 3-32　使用 datetime 模块计算

3-2　使用 pandas
库进行时间计算

2. 使用 pandas 库进行时间计算

【例 3-33】使用 pandas 库计算示例。代码如下。

```
# LT3-33.py
import pandas as pd
# 创建时间序列
dates = pd.date_range(start='2022-01-01', end='2022-01-18', freq='D')
# 获取最后一个日期
last_date = dates[-1]
print("最后的日期: ", last_date)
# 加上一天
one_day_later = last_date + pd.Timedelta(days=1)
print("一天后: ", one_day_later)
# 减去一周
one_week_ago = last_date - pd.Timedelta(weeks=1)
print("一星期前: ", one_week_ago)
# 计算两个时间点之间的时间差
time_difference = one_day_later - one_week_ago
print("时间差: ", time_difference)
```

代码运行结果如图 3-33 所示。

```
最后的日期: 2022-01-18 00:00:00
一天后: 2022-01-19 00:00:00
一星期前: 2022-01-11 00:00:00
时间差: 8 days 00:00:00
```

图 3-33　使用 pandas 库计算

3.6.3　数据分组

在进行数据分组通常涉及使用 Python 中的 pandas 库。pandas 提供了 groupby()函数，该

函数可以根据指定的列或条件将数据集分组，并对每个分组进行操作。首先创建一个包含
Category 和 Value 列的 DataFrame。然后，使用 groupby()函数对数据根据 Category 列进行分
组，并计算每个分组的平均值。最后，输出每个分组的平均值。

【例 3-34】使用 groupby()函数分组示例。代码如下。

```python
# LT3-34.py
import pandas as pd
# 创建示例 DataFrame
data = {'Category': ['A', 'B', 'A', 'B', 'A'], 'Value': [10, 20, 30, 40, 50]}
df = pd.DataFrame(data)
# 根据 Category 列进行分组，并计算每组的平均值
grouped = df.groupby('Category')
grouped_mean = grouped.mean()
print("Grouped by Category:")
print(grouped_mean)
```

代码运行结果如图 3-34 所示。

```
Grouped by Category:
          Value
Category
A          30.0
B          30.0
```

图 3-34　使用 groupby()函数分组

3.7　应用实例——电影票房统计之数据处理

3-3　电影票房统计
之数据处理

电影票房数据可以用来分析电影行业的竞争格局和市场趋势，通过比
较不同电影的票房表现，可以了解市场上不同类型电影的受欢迎程度和竞
争态势，从而为制定行业战略提供参考。通过运用 Python 统计电影票房数
据，展示电影的表现情况、市场趋势等信息，以便于更好地分享和交流。

3.7.1　数据收集

获取电影票房数据，主要包括以下几方面内容。

票房收入：收集各个地区、各个时间段的票房收入数据，包括首周末票房、累计票房等。
这些数据通常可以从票房统计网站、电影院官方网站、行业报告等处获取。

排片情况：了解电影在各个影院的排片情况，包括上映时间、放映场次、放映厅位等信
息。这些数据可以从影院的官方网站、电影票务平台等处获取。

观众反馈：收集观众的评价和反馈数据，包括观众评分、评论内容等。这些数据可以从
影评网站、社交媒体平台、电影评价平台等处获取。

地域分布：了解电影不同地区的票房表现情况，包括国内外市场的票房收入比例、地区

票房排名等数据。这些数据可以从票房统计机构、行业报告等处获取。

本节主要以票房收入数据为实例，票房数据见文件"第 3 章应用实例 movie.xlsx"（所收集的电影票房数据时间段为：电影上映时间至 2024 年 4 月 13 日）。

由于我们只分析中国电影票房前 10 名，因此指定输出前 10 行。代码如下。

```
# 导入包
import pandas as pd
# 取前 10 行数据
df=pd.read_excel('./第 3 章应用实例 movie.xlsx')
df_first_ten =df.head(10)
print(df_first_ten)
```

代码运行结果如图 3-35 所示。

序号	标题	上映日期	票房(亿)	平均票价(元)	场均人次(人)
1	长津湖	2021-09-30 上映	57.75	46.383896	22
2	战狼 2	2017-07-27 上映	56.95	35.594273	37
3	你好，李焕英	2021-02-12 上映	54.13	44.756565	24
4	哪吒之魔童降世	2019-07-26 上映	50.36	35.692467	23
5	流浪地球	2019-02-05 上映	46.87	44.596970	29
6	满江红	2023-01-22 上映	45.44	49.512120	24
7	唐人街探案 3	2021-02-12 上映	45.24	47.602540	29
8	复仇者联盟 4：终局之战	2019-04-24 上映	42.50	48.957910	23
9	长津湖之水门桥	2022-02-01 上映	40.67	49.286682	19
10	流浪地球 2	2023-01-22 上映	40.29	50.791794	21

图 3-35　中国电影票房前 10 名

3.7.2　数据清洗和转换

检查收集到的数据，应不存在空缺值和异常值。完成数据清洗之后，进行数据转换工作，方便后续的分析工作。我们可以发现上映日期里面的数据有"上映"两个字，需要删掉，并把它变成时间格式数据，把票房、平均票价、场均人次都变成数值型数据。此外，我们还需要从日期里面抽取年份和月份两列数据，为下一步数据分析提供便利。清洗后的数据输出为Excel 文件，命名为"cleaned_data.xlsx"。

【例 3-35】票房数据清洗和转换示例。代码如下。

```
# 数据清洗
df_first_ten = df_first_ten.set_index('序号').iloc[:10, :]
df_first_ten['上映日期'] = pd.to_datetime(df_first_ten['上映日期'].str.replace('上映', ''))
df_first_ten[['票房(亿元)', '平均票价(元)', '场均人次(人)']] = df_first_ten.loc[:,
['票房(亿元)', '平均票价(元)', '场均人次(人)']].astype(float)
df_first_ten['年份'] = df_first_ten['上映日期'].dt.year
df_first_ten['月份'] = df_first_ten['上映日期'].dt.month
# 输出到 Excel 文件
df_first_ten.to_excel('cleaned_data.xlsx', index=True)
```

代码运行结果如图 3-36 所示。

序号	标题	上映日期	票房(亿元)	平均票价(元)	场均人次(人)	年份	月份
1	长津湖	2021-09-30 00:00:00	57.75	46.383896	22	2021	9
2	战狼2	2017-07-27 00:00:00	56.95	35.594273	37	2017	7
3	你好，李焕英	2021-02-12 00:00:00	54.13	44.756565	24	2021	2
4	哪吒之魔童降世	2019-07-26 00:00:00	50.36	35.692467	23	2019	7
5	流浪地球	2019-02-05 00:00:00	46.87	44.59697	29	2019	2
6	满江红	2023-01-22 00:00:00	45.44	49.51212	24	2023	1
7	唐人街探案3	2021-02-12 00:00:00	45.24	47.60254	29	2021	2
8	复仇者联盟4：终局之战	2019-04-24 00:00:00	42.5	48.95791	23	2019	4
9	长津湖之水门桥	2022-02-01 00:00:00	40.67	49.286682	19	2022	2
10	流浪地球2	2023-01-22 00:00:00	40.29	50.791794	21	2023	1

图 3-36　票房数据清洗结果

本章习题

1. 简述数据导入导出的基本类型。
2. 简述数据重复值和缺失值的处理方法。
3. 简述数据转换包括哪些类型。
4. 简述字符串拆分包括哪些方法。

本章实训

1. 请登录猫眼网站下载各年度、月份的总票房情况。
2. 使用散点图或线图展示票房与评分之间的关系。
3. 分析不同类型电影的票房表现，如动作片、爱情片、喜剧片等。
4. 制作不同类型电影票房的饼图或柱状图，展示各类型电影在总票房中的占比。
5. 制作季节性特征的电影票房图，展示不同季节的票房情况，研究电影票房的季节性特征。

第**4**章　　数据分析

在数智时代，数据分析已成为解锁信息价值、指导决策的关键技能。使用数据分析能够获知数据背后的规律和趋势，发现潜在的问题和机会，为我们决策提供有力支持。在商业、金融、医疗、科研等领域，数据分析都发挥着至关重要的作用。数据分析是数据科学的核心组成部分，它涉及数据的收集、清洗、转换、探索以及结果的解释和呈现。

本章将介绍数据分析基本方法，包括描述性分析、分组分析、结构分析、分布分析、对比分析、简单线性回归方法、预测分析以及时间序列分析等。通过 Python 的强大功能来探索、理解和利用数据，实现数据分析。这些方法不仅能够帮助我们更深入地理解数据，还能预测未来趋势，优化决策过程。

本章学习目标

1．了解常用数据分析方法。

2．掌握描述性数据分析方法。

3．掌握分组数据分析方法。

4．掌握结构数据分析方法。

5．掌握分布数据分析方法。

6．掌握对比数据分析方法。

7．了解预测分析中的回归分析及预测。

8．了解时间序列分析法。

4.1　描述性分析

描述性分析有助于对数据集的整体理解和初步洞察。在数据驱动的时代，描述性分析扮演着至关重要的角色，借助描述性分析，我们可以从海量的数据中提炼出有意义的信息，从而揭示数据的内在特征、结构和规律。

4.1.1 描述性分析概述

描述性分析，也称描述性统计分析，它是对数据进行分析，得出反映客观现象的各种数量特征的一种分析方法。描述性分析是数据分析的第一步，它通过对数据进行整理和计算，生成一系列统计指标和图表，来描述数据的整体情况和分布特征。这些统计指标和图表可以让我们对数据有一个直观的认识，了解数据的中心趋势、离散程度、分布形态等基本情况。

描述性分析的重要性在于它为我们提供了数据的基础概览。在进一步进行复杂的数据分析之前，我们需要先了解数据的基本情况，确保数据的准确性和可靠性。利用描述性分析我们可以识别数据中的异常值、缺失值或错误数据，并对其进行适当的处理。同时，它还可以揭示数据之间的潜在关系，为后续的分析提供线索和依据。

描述性分析的方法多种多样，包括中心趋势度量（如均值、中位数、众数等）、离散程度度量（如方差、标准差、四分位距等）、分布形态度量（如偏度、峰度等）以及图表展示（如直方图、箱线图、散点图等）。我们可以根据数据的类型和特点灵活选择这些方法，以满足不同的分析需求。

4.1.2 商品价格描述性分析

利用 pandas 中 Series（序列）的 describe()函数进行描述性分析，可获得计数、平均值、标准差、最小值、最大值等常用的统计指标，还可以使用 agg()函数或直接使用 Series 具体的统计函数得到对应的统计指标。

1. 使用 describe()函数

使用 Series 的 describe()函数进行描述性分析，可获得计数、平均值、标准差、最小值、最大值等常用的统计指标。

【例 4-1】使用 describe()函数对商品价格"price"字段进行描述性分析示例。代码如下。

```
# LT4-1.py
import pandas as pd
d = pd.read_csv('./商品表.csv')
print(d.price.describe( ))
```

代码运行结果如图 4-1 所示，从结果中可以看到，总共有 100 个商品，均值约为 55.32，标准差约为 69.06，最小值为 13.8，第一四分位数为 32.3，中位数为 39.8，第三四分位数为 49.5，最大值为 609.8。

```
count    100.00000
mean      55.32100
std       69.06303
min       13.80000
25%       32.30000
50%       39.80000
75%       49.50000
max      609.80000
Name: price, dtype: float64
```

图 4-1 使用 describe()函数进行描述性分析的代码运行结果

2. 使用 agg() 函数

agg 是 aggregate（集合）的简写，agg() 函数是一个功能非常强大的聚合函数。聚合就是将多个值经过计算产生一个值的过程，也可以将其理解为汇总。

【例 4-2】使用 agg() 函数对商品价格"price"字段进行描述性分析示例。代码如下。

```
# LT4-2.py
import pandas as pd
d = pd.read_csv('./商品表.csv')
# 对价格 "price" 列计数
d.price.agg('count')
# 对 "price" 列计数、求和等，统计函数以列表形式输入
df=d.price.agg(['count', 'sum', 'mean', 'max', 'min', 'std'])
print(df)
```

代码运行结果如图 4-2 所示。

```
count     100.00000
sum      5532.10000
mean       55.32100
max       609.80000
min        13.80000
std        69.06303
Name: price, dtype: float64
```

图 4-2　使用 agg() 函数进行描述性分析的代码运行结果

3. 使用统计函数

如果只需要获取某个统计指标，除可以使用 agg() 函数外，还可以直接使用 Series 对应的统计函数计算。表 4-1 所示为 Series 常用统计函数。

表 4-1　　　　　　　　　　　　　　　Series 常用统计函数

函数	描述
sum()	计算序列的总和
mean()	计算序列的平均值
max()	找出序列中的最大值
min()	找出序列中的最小值
var()	计算序列的方差
std()	计算序列的标准差
median()	计算序列的中位数
mode()	找出序列中的众数

【例 4-3】使用 Series 对应的统计函数对商品价格"price"字段计算统计指标示例。代码如下。

```
# LT4-3.py
import pandas as pd
```

```
d = pd.read_csv('./商品表.csv')
# 代码中的"\n"表示回车
print(
    d.price.count(
)
,"\n",
    d.price.sum(
)
,"\n",
    d.price.mean(
)
,"\n",
    d.price.min(
)
,"\n",
    d.price.max(
)
,"\n",
    d.price.std(
)
)
```

代码运行结果如图 4-3 所示。

```
100
5532.09999999999985
55.320999999999984
13.8
609.8
69.06302976121145
```

图 4-3　使用 Series 对应的统计函数计算统计指标的代码运行结果

4.2　分组分析

在当今数据驱动的时代，数据的复杂性、多样性和庞大性使直接从整体数据中获取信息变得困难。因此，分组分析作为一种有效的数据处理手段，将数据划分为不同的子集或组别，使研究者能够更清晰地洞察数据的内在结构和规律。

4.2.1　分组分析概述

分组分析，指根据分组字段将分析对象划分成不同的部分，以对比分析各组之间的差异性的一种分析方法。分组的目的，就是将总体中不同性质的对象分开，将相同性质的对象合并，保持各组内对象性质的一致性、组与组之间性质的差异性，以便进一步进行各组之间的对比分析。

分组分析在实际应用中具有重要价值。

首先，分组分析是基于一定的标准或特征将数据划分为不同的组别，以便更好地理解和分析数据。这种划分可以基于数据的属性、类别、时间等维度，也可以基于研究者特定的研究目的和需求。

其次，分组分析的重要性在于利用它能够揭示数据的分布特征和内在规律。通过将数据分组，研究者可以观察不同组别之间的数据差异，从而发现数据中的隐藏信息、异常值或趋势变化。这些信息对于理解数据的本质、制定有效的决策和策略具有重要意义。

此外，分组分析还具有提高数据分析效率和准确性的优势。通过将大量数据划分为较小的子集，研究者可以更加高效地处理和分析数据，减少计算量和时间成本。同时，分组分析还可以减少数据分析中的误差和偏见，提高数据分析的准确性和可靠性。

无论是在商业决策、市场调研、科学研究领域，还是在政策制定等领域，都能够利用分组分析更好地理解数据背后的信息和规律，为决策提供支持。通过分组分析，研究者可以发现消费者行为模式、市场趋势、产品质量问题等关键信息，从而制定更加精准和有效的战略和计划。

根据分组字段的数据类型划分，分组类型主要包括两种：定性分组和定量分组。定性分组是根据事物的固有属性划分的分组；定量分组即数值分组，将数值型数据进行等距或非等距分组，如年龄段、收入段。

对数据进行分组统计时，可以使用 pandas 中 DataFrame（数据框）的 groupby() 和 agg() 函数的组合，groupby() 函数用于分组，agg() 函数用于统计。

4.2.2　商品价格分组分析

使用"商品表"中的数据，统计不同出版社图书的平均价格，就可以根据出版社"press"列分组，根据价格"price"列统计，统计函数使用 mean() 均值函数。

【例 4-4】使用 mean() 函数统计不同出版社图书的平均价格示例。代码如下。

```
# LT4-4.py
import pandas as pd
d = pd.read_csv('./商品表.csv')
# 根据出版社"press"列分组，对价格"price"列统计均值
a = d.groupby(by='press')['price'].agg('mean')
print(a)
```

代码运行结果（部分）如图 4-4 所示。

上海人民出版社	35.600000
上海译文出版社	58.333333
中信出版社	112.000000
中信出版集团	39.900000
中国华侨出版社	37.600000
中国友谊出版公司	25.566667
中国妇女出版社	35.000000
中国青年出版社	25.200000
人民文学出版社	46.625000
作家出版社	36.200000

图 4-4　使用 mean() 函数统计不同出版社图书的平均价格

4.3 结构分析

结构分析作为数据分析的重要分支，利用它计算某项经济指标或系统组成部分占总体的比重，可以深入探究其内容构成的变化，进而掌握事物的特点和变化趋势。

4.3.1 结构分析概述

结构分析，是指在分组的基础上，计算各组成部分占总体的比重，进而分析总体的内部构成特征的一种分析方法。这个分组主要是指定性分组，一般需要关注结构，其重点在于各组成部分占总体的比重，如性别结构、地区结构等。

结构分析一般需要在对原始数据进行分组求和或计数之后，再求每个分组统计值占总体统计值的比重，从而得到结构分析结果。

4.3.2 商品结构分析

使用"商品表"中的数据，统计各个出版社上架图书的比例，那么就要先统计各个出版社上架的图书数，然后计算比例数据。

【例 4-5】统计各个出版社上架图书数示例。代码如下。

```
# LT4-5.py
import pandas as pd
d = pd.read_csv('./商品表.csv')
# 根据出版社"press"列分组，对商品ID"item_id"列计数
a = d.groupby(by='press')['item_id'].agg('count')
print(a)
```

代码运行结果（部分）如图 4-5 所示。

上海人民出版社	1
上海译文出版社	3
中信出版社	1
中信出版集团	1
中国华侨出版社	1
中国友谊出版公司	3
中国妇女出版社	1
中国青年出版社	1
人民文学出版社	8
作家出版社	7

图 4-5 统计各个出版社上架图书数

然后对图书数求和，即可得到总的图书数，最后将不同出版社上架的图书数除以总的图书数，即可得到不同出版社上架图书的比例。

【例 4-6】统计各个出版社上架图书比例示例。代码如下。

```
# LT4-6.py
```

```
import pandas as pd
d = pd.read_csv('./商品表.csv')
# 根据出版社 "press" 列分组，对商品ID "item_id" 列计数
a = d.groupby(by='press')['item_id'].agg('count')
# 计算不同出版社上架商品的比例
b= a/a.sum()
print(b)
```

代码运行结果（部分）如图 4-6 所示。

上海人民出版社	0.01
上海译文出版社	0.03
中信出版社	0.01
中信出版集团	0.01
中国华侨出版社	0.01
中国友谊出版公司	0.03
中国妇女出版社	0.01
中国青年出版社	0.01
人民文学出版社	0.08
作家出版社	0.07

图 4-6　统计各个出版社上架图书比例

4.4　分布分析

分布分析作为数据分析中的一种重要方法，利用它可以对数据的分布情况进行深入研究，揭示数据背后的规律和特征。

4.4.1　分布分析概述

分布分析是数据分析中用于描述数据在不同区间或类别上的分布情况的一种方法。使用分布分析可以将数据集划分为若干个不同的组别或区间，然后计算每个组别或区间内的数据频数或占比，从而揭示数据的整体分布形态和特征。

分布分析法也是以分组为基础的，这个分组主要是指定量分组，而定量分组一般关注分布，如用户消费分布、用户收入分布、用户年龄分布等。分布分析法在揭示数据分布规律、优化决策制定以及提升数据分析效率等方面具有显著的优势和价值。

4.4.2　商品分布分析

【例 4-7】统计不同价格段上架图书数示例。代码如下。

```
# LT4-7.py
import pandas as pd
d = pd.read_csv('./商品表.csv')
yuzhi = [0, 30, 50, 100, 1000]
d['价格段'] = pd.cut(d['price'], bins=yuzhi)
# 根据 "价格段" 列分组，对商品ID "item_id" 列计数
```

```
a = d.groupby(by='价格段')['item_id'].count()
print(a)
```

代码运行结果如图 4-7 所示。

```
(0, 30]       20
(30, 50]      58
(50, 100]     13
(100, 1000]    9
```

图 4-7 统计不同价格段上架图书数

4.5 对比分析

对比分析是数据分析方法中最常见、最有效、最实用的分析方法之一。对比分析在多个领域中都扮演着至关重要的角色，利用它对不同数据集、时间段、组群或条件的观察值进行比较，可以揭示数据之间的差异、趋势和模式。

4.5.1 对比分析概述

对比分析，是指对两个或者两个以上的数据进行比较，分析其中的差异，揭示事物发展变化情况。对比分析可以应用于各种领域，包括社会科学、自然科学、商业分析、政策研究等。进行数据分析时，需要依据指标从不同维度进行对比分析，才能得出有效的结论。

指标是用于衡量事物发展程度的一种量化工具，如人口数、国内生产总值（GDP）、收入、用户数、利润率、留存率、覆盖率等。很多公司都有自己的关键绩效指标（key performance indicator，KPI）体系，可以通过关键绩效指标来衡量业务运营情况的好坏。指标可以分为绝对指标和相对指标。绝对指标主要用来反映规模大小，也就是我们常说的数量、规模。相对指标是指两个或两个以上有联系的统计指标值的比值，用来反映事物的发展程度、结构、强度等，也就是我们常说的质量。所以，分析一个事物发展的程度可以从数量（quantity）和质量（quality）这两个方面的指标进行对比分析，这种方法被称为 QQ 模型分析法，简称 QQ 模型。

维度是事物或现象的某种特征，也是我们常说的分析角度，如产品类型、用户类型、地区、时间、性别、年龄、收入等都是维度。指标用于衡量事物发展的程度，这个程度是好还是坏，需要通过在不同维度进行对比才能知道。时间是一种常用、特殊的维度，在时间维度上的对比通常被称为纵比。本月数据与上月数据对比，就是环比；本月数据与去年同期数据对比，就是同比；每个月份数据与某一固定月份数据对比，就是定基比。另一种对比是横比，如不同国家人口数、GDP 的对比，不同省（自治区、直辖市）收入、用户数的对比，不同公司、不同部门之间的销售额对比，不同产品之间的销量对比，不同类型用户的收入之间的对比。

4.5.2 厂商销量对比分析

我们可以使用电动车厂商销量对比分析了解不同品牌在市场上的表现，以及消费者对不同品牌和产品的偏好。下面对 2023 年中国市场各大电动汽车销量数据进行对比分析，各厂商具体销售数据见"2023 年电动车销量.csv"。

4-1　厂商销量对比分析

【例 4-8】厂商销量对比分析示例。查看基本数据，代码如下。

```
# 导入相关数据分析库
import pandas as pd
import matplotlib.pyplot as plt
# 调整图片显示
plt.rcParams['font.family'] = 'SimHei'
plt.rcParams['axes.unicode_minus'] = False
# 导入数据并查看数据基本信息
df = pd.read_csv('./2023年电动车销量.csv', encoding='gbk')
df.info()
```

运行结果如图 4-8 所示。

```
<class 'pandas.core.frame.DataFrame'>
RangeIndex: 2238 entries, 0 to 2237
Data columns (total 6 columns):
 #   Column      Non-Null Count   Dtype
---  ------      --------------   -----
 0   年份          2238 non-null    int64
 1   月份          2238 non-null    int64
 2   厂商          2238 non-null    object
 3   车型          2238 non-null    object
 4   售价(万元)      2238 non-null    object
 5   销量(台)       2238 non-null    int64
dtypes: int64(3), object(3)
memory usage: 105.0+ KB
```

图 4-8　查看基本数据

计算厂商一共有多少类别，代码如下。

```
len(df['厂商'].unique())
```

计算 2023 年各厂商销量，并进行排序，代码如下。

```
sale_sum = df.groupby('厂商')['销量(台)'].sum().sort_values()[::-1]
print(sale_sum)
```

运行结果如图 4-9 所示。

```
厂商
比亚迪        2563968
特斯拉中国      603664
上汽通用五菱     423073
理想         371923
广汽埃安       256641
            ...
金康赛力斯          12
长安林肯          12
DS(进口)        10
东风标致          1
雷丁            1
Name: 销量(台), Length: 85, dtype: int64
```

图 4-9　厂商销量

统计 2023 年销量前 10 的厂商，代码如下。

```
sale_sum[:10].plot(kind='bar',figsize=(8,4))
plt.ylabel('销量（台）')
```

运行结果如图 4-10 所示。

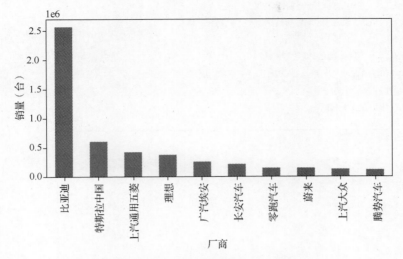

图 4-10　2023 年销量前 10 厂商

分析各厂商市场占有率，代码如下。

```
sale_sum_ = sale_sum[:8]
sale_sum_.loc['其他'] = sale_sum[10:].sum()
sale_sum_.plot(kind='pie',autopct='%1.1f%%',figsize=(8,8))
plt.tight_layout()
```

运行结果如图 4-11 所示。

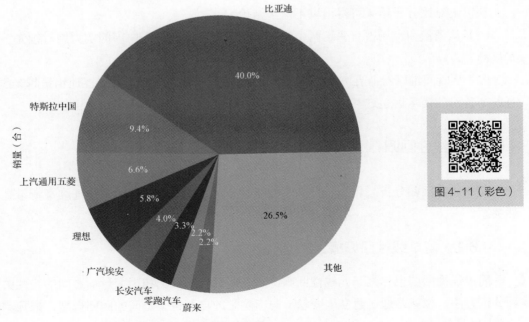

图 4-11（彩色）

图 4-11　各厂商市场占有率

对各厂商每月销量进行对比分析，代码如下。

```
sale_monthly_sale = df.groupby(['厂商','月份'])['销量(台)'].sum()
sale_monthly_sale.loc['比亚迪'].plot(figsize=(8,5))
sale_monthly_sale.loc['特斯拉中国'].plot()
sale_monthly_sale.loc['上汽通用五菱'].plot()
sale_monthly_sale.loc['理想'].plot()
sale_monthly_sale.loc['广汽埃安'].plot()
plt.legend(('比亚迪','特斯拉中国','上汽通用五菱','理想','广汽埃安'))
plt.ylabel('销量（台）')
```

运行结果如图 4-12 所示。

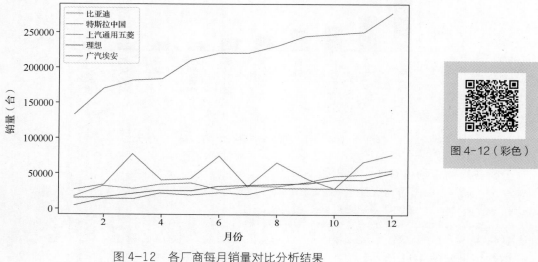

图 4-12（彩色）

图 4-12　各厂商每月销量对比分析结果

从以上对比分析结果可得出以下两个结论。

（1）从销量和市场占有率这两个绝对指标来看，比亚迪在中国的实力绝对领先于各大汽车厂商。

（2）从时间维度看前五大车企在 2023 年各个月份的汽车销量，比亚迪销量越来越高，并且各个月份的销量远超过其他厂商。

4.6　简单线性回归

简单线性回归分析，作为一种基本的统计分析方法，旨在探讨两个连续型变量之间的线性关系。

4.6.1　简单线性回归概述

简单线性回归也称为一元线性回归，它是研究自变量 x 和因变量 y 之间的线性关系的一种分析方法，也就是通过建立因变量 y 与影响它的自变量 x 之间的回归模型，来预测因变量 y 的发展趋势。

简单线性回归分析在数据分析中具有重要的价值和意义。首先,利用它了解两个变量之间的线性关系,揭示它们之间的内在规律。其次,通过建立线性回归模型,我们可以对未知数据进行预测,为决策提供支持。最后,简单线性回归分析还可以用于评估模型的拟合优度和参数的显著性,为模型的改进和优化提供依据。

简单线性回归分析广泛应用于各个领域,特别是在经济学、社会学、医学等领域。例如,在经济学中,可以利用线性回归模型分析收入与消费之间的关系;在医学研究中,可以利用线性回归模型探讨某种药物剂量与治疗效果之间的关系。

4-2 基于简单线性回归模型的销售额预测

4.6.2 基于简单线性回归模型的销售额预测

线性回归分析广泛应用于市场、经济、金融、生物以及医学等领域。例如文件"广告.csv"里记录了某电商公司 2020—2022 年每月的投放广告费用以及销售额,用记事本打开该文件,如图 4-13 所示。

图 4-13 某电商公司每月的投放广告费用以及销售额

现在公司管理者希望了解如果下个月投入 50 万元的广告费用,预计将带来多少销售额。下面根据线性回归分析五步法,使用 Python 一步步来解决这个问题。

第一步,根据预测目标,确定自变量和因变量。

根据经验,广告费用投入是影响销售额的一个重要因素,我们的目标是根据下个月广告费用投入预算来预测公司的销售额,所以将广告费用作为自变量 x,将销售额作为因变量 y,建立简单线性回归模型。

【例 4-9】定义自变量 x 和因变量 y 示例。代码如下。

```
import pandas as pd
d = pd.read_csv('./广告.csv')
# 以数据框形式定义自变量
x= d[['广告费用(万元)']]
# 以数据框形式定义因变量
y= d[['销售额(万元)']]
```

第二步，绘制散点图，确定回归模型类型。

可以使用 pandas 中 DataFrame 的 plot()函数绘制散点图。

【例 4-10】绘制自变量 x 和因变量 y 的散点图示例。代码如下。

```
# 导入 matplotlib.pyplot 模块，并设置字体为黑体，用于解决中文乱码问题
import matplotlib.pyplot as plt
plt.rcParams['font.sans-serif'] = 'SimHei'
# 以广告费用为 x 轴，销售额为 y 轴，绘制散点图
a=d.plot('广告费用(万元)','销售额(万元)',kind='scatter')
plt.show()
```

代码运行结果如图 4-14 所示，从散点图中可以看出，广告费用和销售额两者具有明显的线性正相关关系，也就是随着广告费用投入的增加，公司销售额也相应增加。

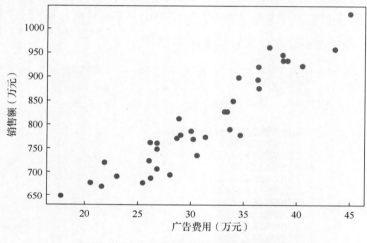

图 4-14　广告费用和销售额散点图

然后使用 DataFrame 的 corr()函数计算自变量 x 和因变量 y 的线性相关系数 r，将它们的线性关系量化，以进一步确定自变量 x 和因变量 y 的线性关系。表 4-2 所示为 corr()函数常用参数。

表 4-2　　　　　　　　　　　　　corr()函数常用参数

参数	描述
method	指定计算相关系的方法。默认为'pearson'，表示皮尔逊相关系数
min_periods	指定计算相关系数时要求的最小有效观测值数量。如果未指定，将使用 DataFrame 中的列数
numeric_only	默认为 False，如果为 True，则仅计算数值列之间的相关系数，忽略非数值列

通常采用皮尔逊（Pearson）相关系数 r 来度量连续变量之间的线性相关强度，它的取值范围限于(-1,1)。

线性相关系数 r 的正、负号可以反映相关的方向，当 r>0 时表示线性正相关，当 r<0 时表示线性负相关。r 的大小可以反映线性相关的程度，r=0 表示两个变量之间不存在线性关系。

【**例 4-11**】使用 corr() 函数计算自变量 x 和因变量 y 的线性相关系数示例。代码如下。

```
# 计算线性相关系数
a=d['广告费用(万元)'].corr(d['销售额(万元)'])
print(a)
```

代码运行结果如图 4-15 所示，可以发现广告费用和销售额之间的线性相关系数约为 0.94，也就是具有强线性相关关系。

$$0.93752340358396308$$

图 4-15　线性相关系数

第三步，估计模型参数，建立线性回归模型。

从散点图、线性相关系数结果可以确定自变量 x 和因变量 y 具有强线性相关关系，所以就可以对数据进行拟合，建立简单线性回归模型。

在 Python 中可以使用 sklearn.linear_model 模块中的 LinearRegression() 函数建立简单线性回归模型。

Anaconda 已经包含 sklearn.linear_model 模块，可以直接导入 sklearn.linear_model 模块中的 LinearRegression() 函数，然后使用 LinearRegression() 函数建立线性回归模型。

【**例 4-12**】使用 LinearRegression() 函数建立线性回归模型示例。代码如下。

```
# 导入 sklearn.linear_model 模块中的 LinearRegression() 函数
from sklearn.linear_model import LinearRegression
# 使用 LinearRegression() 函数建立线性回归模型，参数均采用默认设置
Model = LinearRegression()
```

线性回归模型建立好后，需要根据定义好的自变量 x 和因变量 y 使用 fit() 函数训练线性回归模型。

【**例 4-13**】使用 fit() 函数训练线性回归模型示例。代码如下。

```
Model.fit(x,y)
```

线性回归模型训练完成后，查看线性回归模型的 "coef_" "intercept_" 属性，即可分别得到线性回归模型的参数 β（斜率）、参数 α（截距）。

【**例 4-14**】查看线性回归模型的 "coef_" "intercept_" 属性示例。代码如下。

```
# 查看参数β
a=Model.coef_
# 查看参数α
b=Model.intercept_
print(a,b)
```

代码运行结果如图 4-16 所示，从而得到线性回归模型的参数 α、参数 β 的值，也就可以得到简单线性回归模型。

$$[[14.51566957]]\ [351.85195313]$$

图 4-16　线性回归模型的参数 α、参数 β

第四步，对回归模型进行检验。

一般使用判定系数（也称拟合优度或决定系数）R^2 来度量回归模型拟合精度。在简单线

性回归模型中，它的值等于 y 值和模型计算出来的 y 值的相关系数 R 的平方，用于表示拟合得到的模型能解释因变量变化的百分比，R^2 越接近 1，表示线性回归模型拟合效果越好。

线性回归模型训练完成后，可以使用 score()函数计算模型的拟合精度 R^2。

【例 4-15】使用 score()函数计算模型的拟合精度 R^2 示例。代码如下。

```
R2=Model.score(x,y)
print(R2)
```

代码运行结果如图 4-17 所示，从而得到模型的拟合精度 R^2 约为 0.88，模型拟合效果非常不错。

$$0.87895013649714 09$$

图 4-17　模型的拟合精度 R^2

第五步，利用线性回归模型进行预测。

得到简单线性回归模型之后，就可以根据新的自变量 x（50 万元）去预测未知的因变量 y。将 $x=50$ 代入简单线性回归模型 $y=351.85+14.52x$ 中，即可得到销售额预测结果约为 1078 万元。

当然，也可以使用 predict()函数进行预测。

使用 predict()函数，将新的自变量 x 值（50 万元）作为参数传入，即可得到销售额预测结果。

【例 4-16】使用 predict()函数预测销售额示例。代码如下。

```
# 将新的自变量 x 值（50 万元）以数据框形式定义
pX=pd.DataFrame({'广告费用(万元)': [50]})
# 对未知的因变量 y 进行预测
a=Model.predict(pX)
print(a)
```

代码运行结果如图 4-18 所示，可以得到，如果下个月广告费用投入 50 万元，公司销售额预计可达到约 1078 万元。

$$[[1077.63543148]]$$

图 4-18　使用 predict()函数预测销售额

4.7　预测分析

预测分析，旨在利用现有数据来推测未来的趋势和结果。准确的预测能够为企业决策提供有力支持，帮助企业规避风险，发现新的机会。

4.7.1　预测分析概述

预测分析是一种统计或数据挖掘解决方案，它运用统计建模、预测和机器学习等技术，对结构化和非结构化数据进行处理，来确定未来的结果。预测分析不仅可用于预测、优化、预报和模拟等多个方面，还能为规划流程提供关键信息，并为企业未来提供重要洞察。

预测分析方法主要包括定量分析和定性分析两种。定量分析依赖于过去完整的统计资料，运用预测变量之间的关系，如时间关系、因果关系和结构关系等，通过现代数学方法建立模型并进行计算分析而得出预测结果。而定性分析则依赖于预测人员的经验和知识，对预测对象进行主观分析和判断。预测分析在多个领域都有广泛的应用，如在汽车领域，利用预测分析可以整合零部件坚固性数据和故障记录，识别潜在的制造问题或设计缺陷，从而优化未来制造计划和产品设计。在金融服务领域，预测分析被广泛应用于信用风险评估、欺诈检测、市场趋势预测等方面。此外，预测分析还广泛应用于能源、制造、执法和零售等领域，为各种活动提供深入且即时的洞察视角，助力决策者精准把握市场动态，优化资源配置，从而推动各行业的高效运作与持续发展。

4-3　股票收益率
预测分析

4.7.2　股票收益率预测分析

【例 4-17】现有 2023 年 4 月到 2024 年 4 月的股票收益率及市值文件，要求对股票收益率进行预测分析。代码如下。

```python
import pandas as pd
import matplotlib.pyplot as plt
import numpy as np
import seaborn as sns

# 导入数据
df = pd.read_csv('./202304-202404股票收益率及市值文件.csv')
# 使用上一个月的股票市值预测下一个月的股票收益
df['return'] = df.groupby('code')['return'].shift(-1)
df = df[~df.isna().any(axis=1)]
# 数据预处理，市值取对数并进行归一化处理
df['cap'] = np.log(df['cap'])
df['cap'] = (df['cap']-df['cap'].mean())/df['cap'].std()
# 对收益率数据进行百分化处理
df['return'] = df['return'] * 100
df[['cap','return']].describe()

# 计算皮尔逊相关系数，初步得出市值和收益率之间呈负向变动关系，相关系数也称因子 IC（information
coefficient），一般而言 IC 绝对值大于 0.03 即证明因子有效
print(df[['cap','return']].corr())          #得到如下运行结果
```

代码运行结果如图 4-19 所示。

```
                cap    return
cap        1.000000 -0.061853
return    -0.061853  1.000000
```

图 4-19　相关系数矩阵

注：其中，cap 表示股票当日收盘市值，return 表示每日的股票收益率

用回归模型进行预测，代码如下。

```python
# 拆分训练集和测试集，使用 2024 年 4 月的数据作为测试集，前 11 个月的数据作为训练集
df_train = df[~df.date.isin(['Mar-24'])]
df_test = df[df.date.isin(['Mar-24'])]
```

```
# 构建最小二乘回归模型，使用上一期的市值对下一期的收益率进行回归建模
import statsmodels.api as api
model = api.OLS(df_train['return'],api.add_constant(df_train['cap'])).fit()
# 输出模型结果
print(model.summary())
```

将 model.summary()输入 IPython，代码运行结果如图 4-20 所示。

```
                          OLS Regression Results
==============================================================================
Dep. Variable:                 return   R-squared:                       0.007
Model:                            OLS   Adj. R-squared:                  0.007
Method:                 Least Squares   F-statistic:                     382.8
Date:                Tue, 21 May 2024   Prob (F-statistic):           5.74e-85
Time:                        13:01:14   Log-Likelihood:            -2.2727e+05
No. Observations:               56831   AIC:                         4.545e+05
Df Residuals:                   56829   BIC:                         4.546e+05
Df Model:                           1
Covariance Type:            nonrobust
==============================================================================
                 coef    std err          t      P>|t|      [0.025      0.975]
------------------------------------------------------------------------------
const         -0.4857      0.055     -8.773      0.000      -0.594      -0.377
cap           -1.0833      0.055    -19.566      0.000      -1.192      -0.975
==============================================================================
Omnibus:                    45690.198   Durbin-Watson:                   2.132
Prob(Omnibus):                  0.000   Jarque-Bera (JB):          9494987.351
Skew:                           3.017   Prob(JB):                         0.00
Kurtosis:                      66.035   Cond. No.                         1.01
==============================================================================
```

图 4-20　回归分析结果

绘制回归线及散点图，代码如下。

```
# 绘制回归线及散点图
plt.rcParams['figure.figsize'] = (8,4)
sns.regplot(data=df_train,x='cap',y='return',line_kws={'color':'k'})
# 添加 y 轴标签
plt.ylabel('return(%)')
# 显示图形
plt.show()
```

代码运行结果如图 4-21 所示。

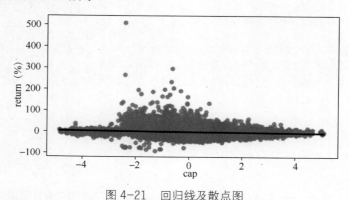

图 4-21　回归线及散点图

预测 2024 年 4 月股票收益率，代码如下。

```
# 使用模型预测 2024 年 4 月股票收益率，并计算预测误差
df_test['predict_return'] = model.predict(api.add_constant(df_test['cap']))
df_test['error'] = df_test['return']-df_test['predict_return']
```

```
# 计算真实收益率和预测收益率的相关系数，两者相关性为负，表明小市值溢价的金融异象在中国股市近期失效
print(df_test[['return','predict_return']].corr())
```

代码运行结果如图 4-22 所示。

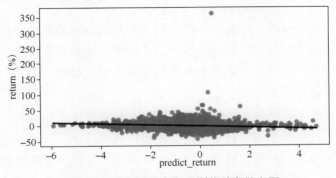

```
                return    predict_return
return        1.000000         -0.187415
predict_return -0.187415        1.000000
```

图 4-22　收益率预测结果

注：其中，return 表示真实收益率，predict_return 表示预测收益率

绘制真实收益率和预测收益率散点图，代码如下。

```
# 绘制真实收益率和预测收益率回归线及散点图
sns.regplot(data=df_test,x='predict_return',y='return',line_kws={'color':'k'})
# 添加 y 轴标签
plt.ylabel('return(%)')
# 显示图形
plt.show()
```

代码运行结果如图 4-23 所示。

图 4-23　真实收益率和预测收益率散点图

预测收益率，代码如下。

```
df_test[['return','predict_return']].plot()
plt.xlabel('Index')          # 横坐标为索引
plt.ylabel('return(%)')      # 纵坐标为真实收益率或预测收益率
```

代码运行结果如图 4-24 所示。

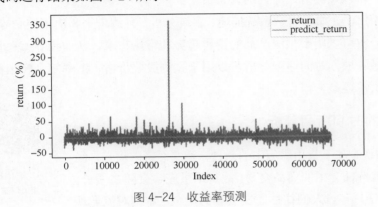

图 4-24（彩色）

图 4-24　收益率预测

69

4.8　时间序列分析

时间序列数据是指按照时间顺序排列的一系列观测值，它记录了某一现象随时间推移而变化的规律。无论是金融市场中的股票价格、气象观测中的温度记录，还是公共卫生领域的疾病发病率，都可以视为时间序列数据。在金融领域，时间序列分析被用于股票价格预测、市场趋势分析等方面；在气象领域，时间序列分析可以帮助预测未来的天气变化；在公共卫生领域，时间序列分析可以揭示疾病的流行趋势和周期性变化。此外，时间序列分析还在经济预测、交通流量分析、网络流量监控等领域发挥着重要作用。

本节将从时间序列数据的基本概念入手，介绍如何用 Python 实现时间序列分析，并以流通现金的时间序列分析为例进行详细介绍。本节结合具体的实例和 Python 代码进行演示，有助于读者直观地理解并掌握时间序列分析技能。

4.8.1　时间序列分析概述

时间序列分析（time-series analysis）是一种基于时间因素的数据分析方法，它专注于研究数据随时间变化的规律和趋势。这种分析方法主要用于探索数据隐藏的周期性、季节性、趋势性和随机性等特征，以便更好地理解数据和预测未来的趋势。

时间序列分析的基本步骤如下。

（1）描述性分析：对时间序列数据进行可视化和摘要统计，如绘制时间序列图、计算均值和方差等统计指标，以及检验数据是否符合随机性假设。

（2）平滑和预测分析：通过去除数据中的噪声和随机波动，使数据的趋势和周期性更加明显，以便进行预测。常用的方法包括移动平均、指数平滑和趋势分解等。

（3）时间序列分解：将时间序列数据分解为趋势、季节性和随机成分。这有助于更好地理解数据中各种影响因素的作用，从而更好地进行预测和决策。

（4）模型选择与拟合：根据数据的特性和分析目的，选择合适的模型来拟合时间序列数据。常用的模型包括自回归（AR）模型、移动平均（MA）模型、自回归移动平均（ARMA）模型等。通过模型拟合，可以预测时间序列的未来值。

时间序列分析的应用广泛，如应用于系统描述、系统分析、预测未来和决策控制等方面。在电商领域，时间序列分析可以用于预测产品的销售趋势和市场需求，从而指导库存管理和营销策略的制定。在金融领域，时间序列分析可以用于预测股票价格、汇率等金融指标的未来走势，为投资决策提供重要参考。

4.8.2　流通现金的时间序列分析

4-4　流通现金的
时间序列分析

【例 4-18】流通中的现金属于货币供应中的一种，随着经济的增长，经济体需要更多的货币来维持社会中的商品交易，故货币供应量会随之增长。流通中的现金即 m0，每逢过年，人们往往需要更多的现金。本例对流通现金进行时间序列分析,代码如下。

```
import pandas as pd
import matplotlib.pyplot as plt

df = pd.read_csv('./流通中现金.csv',index_col=0)
df.set_index('month',inplace=True)
df.index = df.index.astype('string')
df = df[::-1]
df.plot(figsize=(10,4))
plt.ylabel('(万元)')
```

代码运行结果如图 4-25 所示。

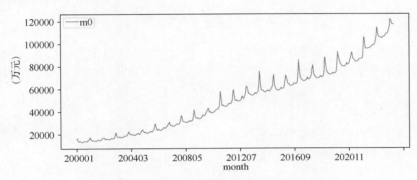

图 4-25 流通现金月度变化折线图

绘制自相关系数图,代码如下。

```
# 绘制自相关系数图,结果表明该序列有明显的单调递增趋势,初步判断其为非平稳序列,且自相关系数图显示自
相关系数长期大于 0,说明序列间有很强的长期相关性
from statsmodels.graphics.tsaplots import plot_acf
plt.figure(figsize=(8,4))
plot_acf(df.dropna(), ax=plt.gca(), lags=30)
plt.show()
```

代码运行结果如图 4-26 所示。

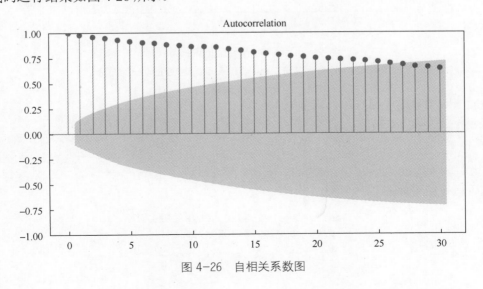

图 4-26 自相关系数图

对原始时间序列进行单位根检验，代码如下。

```
# 对原始时间序列进行单位根检验，结果显示原始时间序列为非平稳时间序列。
from statsmodels.tsa.stattools import adfuller

result = adfuller(df.dropna())
print('adf-value:',result[0],'\n','p-value',result[1])
# p 值为 0.99，大于 0.05，故原始时间序列为非平稳序列
```

代码运行结果如图 4-27 所示。

```
adf-value: 2.345058953701359
 p-value 0.998982062004061
```

图 4-27　单位根检验结果

绘制一阶差分的时间序列图，代码如下。

```
# 绘制一阶差分的时间序列图
df_diff = df.diff()
df_diff.columns = ['m0_diff']
df_diff.plot(figsize=(8,4))
# 结果显示差分后的时间序列图仍然具有周期性
```

代码运行结果如图 4-28 所示。

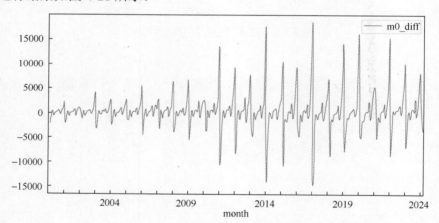

图 4-28　绘制一阶差分的时间序列图

注：month 表示月份，m0_diff 表示流通现金的一阶差分

检验一阶差分的平稳性，代码如下。

```
# 检验一阶差分的平稳性
result = adfuller(df.diff().dropna())
print('adf-value:',result[0],'\n','p-value',result[1])
# p 值为 0.50 大于 0.05，故原始时间序列仍然为非平稳序列
```

代码运行结果如图 4-29 所示。

```
adf-value: -1.5754526428895237
 p-value 0.495911620423636
```

图 4-29　检验一阶差分的平稳性

时间序列的季节性表现为时间序列存在明显的周期规律。流通现金每隔12个月都会明显增加，初步预测流通现金存在季节性。接下来证明流通现金的季节性规律，代码如下。

```
# 季节性差分
seasonal_diff = df.diff(12).dropna()
plt.figure(figsize=(6, 4))
plot_acf(seasonal_diff, ax=plt.gca(), lags=30)
plt.show()
# 根据季节性差分后的自相关系数图可以得知：在第一次滞后之后，自相关系数迅速下降，并且在第12个滞后上
系数显著下降，这表明了数据中存在12个月的季节性周期，这进一步确认了数据具有季节性特征。
```

代码运行结果如图4-30所示。

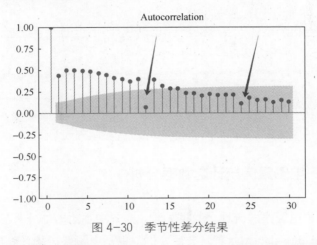

图4-30 季节性差分结果

根据季节性差分后的自相关图可以得知：进行了季节性差分的时间序列，每隔12个滞后期，序列自相关系数明显下降，这进一步确认了原始序列中存在季节性影响。

目前，我们证明了流通现金存在趋势性和季节性规律，要想进一步了解流通现金包含的信息，需要对时间序列进行分解，代码如下。

```
# 时间序列分解
from statsmodels.tsa.seasonal import seasonal_decompose
plt.rcParams['figure.figsize'] = (20,15)
result = seasonal_decompose(df, model='additive',period = 12)
seasonal = result.seasonal.dropna() # 季节性分解
# 绘制分解结果
result.plot()
plt.show()
```

代码运行结果如图4-31所示。

将原始序列分解为三个序列，图4-31从上到下依次为原始序列、趋势序列、季节性序列和序列分解残差。趋势序列图反映了时间序列的长期规律，季节性序列图反映季节周期性，残差序列图用于评估模型拟合的好坏以及原始数据中是否存在未被模型捕捉到异常波动。

从图4-31流通现金的原始时间序列中可以看出，流通现金的数额具有明显的周期性；从趋势序列图中可以看出，流通现金在长期上有明显的上升趋势；季节性序列图也显示出非常明显的周期性模式；残差序列图表明残差围绕0上下波动，较为平稳，证明原始时间不存在异常波动的情况。

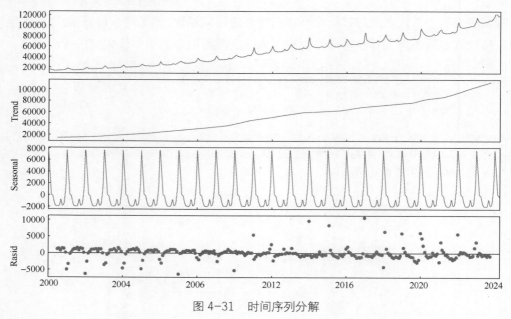

图 4-31 时间序列分解

4.9 应用实例——电影票房统计之数据分析

在 3.7 节中介绍了电影票房统计之数据处理，本节将对数据处理之后的数据（即 3.7 节中产生的数据文件"cleaned_data.xlsx"）进行分析，包括电影票房统计、电影票房前 10 统计、平均票价分析、场均人次分析以及不同年份高票房电影数量统计。

4.9.1 电影票房统计

对于清洗和转换后的数据，可以利用 Python 中的数据分析工具（如 pandas、NumPy 等）进行分析。

4-5 电影票房统计之数据分析

【例 4-19】计算总票房、平均票价示例。代码如下。

```python
import pandas as pd
# 读取电影票房数据到 DataFrame
movie =pd.read_excel('./cleaned_data.xlsx')
# 计算票房总额
total_box_office =movie['票房(亿元)'].sum()
# 计算平均票价
average_ticket_price =movie['平均票价(元)'].mean()
# 输出计算结果
print('总票房(亿元): ',total_box_office)
print('平均票价(元): ',average_ticket_price)
```

代码运行结果如图 4-32 所示。

总票房(亿元)：　480.20000000000005
平均票价(元)：　45.3175217

图 4-32 计算总票房、平均票价

4.9.2 电影票房前 10 统计

使用可视化工具（如 Matplotlib、Seaborn 等）创建图表，通过观察图表，可以直观清晰地看到哪些季节或时间段是票房高峰期，以及票房随时间的变化趋势和分布，从中发现一些潜在的市场趋势或观众偏好的变化，从而指导未来的业务策略。

【例 4-20】中国电影部分票房排名靠前的影片分析示例。

首先导入画图工具，代码如下。

```
# 导入画图包
import seaborn as sns
import matplotlib.pyplot as plt
plt.rcParams['font.sans-serif'] = 'SimHei'  # 设置中文字体
plt.rcParams['axes.unicode_minus'] = False
```

然后，定义 *x*、*y* 轴，对中国电影票房排名前 10 的电影用条形图展示，代码如下。

```
top_movies = movie.nlargest(10, '票房(亿元)')
plt.figure(figsize=(7, 4), dpi=128)
ax = sns.barplot(x='票房(亿元)', y='标题', data=top_movies, orient='h', alpha=0.5)
# 在柱子上标注数值
for p in ax.patches:
    ax.annotate(f'{p.get_width():.2f}', (p.get_width(), p.get_y() + p.get_height() / 2.),
                va='center', fontsize=8, color='gray', xytext=(5, 0),
                textcoords='offset points')
plt.title('票房前 10 的电影')
plt.xlabel('票房(亿元)')
plt.ylabel('电影名称')
plt.tight_layout()
plt.show()
```

代码运行结果如图 4-33 所示。

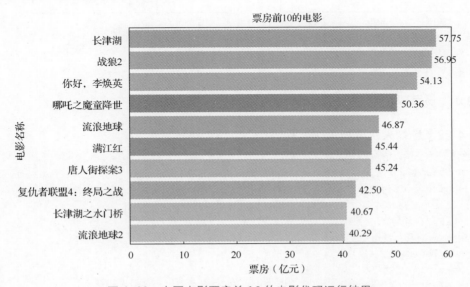

图 4-33 中国电影票房前 10 的电影代码运行结果

4.9.3　平均票价分析

【**例 4-21**】平均票价分析示例。代码如下。

```
plt.figure(figsize=(7, 6), dpi=128)
# 绘制第一个子图：平均票价点图
plt.subplot(2, 2, 1)
sns.scatterplot(y='平均票价(元)', x='年份', data=movie, c=movie['年份'], cmap='plasma')
plt.title('平均票价点图')
plt.ylabel('平均票价(元)')
# 绘制第二个子图：平均票价箱线图
plt.subplot(2, 2, 2)
sns.boxplot(y='平均票价(元)', data=movie)
plt.title('平均票价箱线图')
plt.xlabel('平均票价')
plt.tight_layout()
plt.show()
```

代码运行结果如图 4-34 所示。

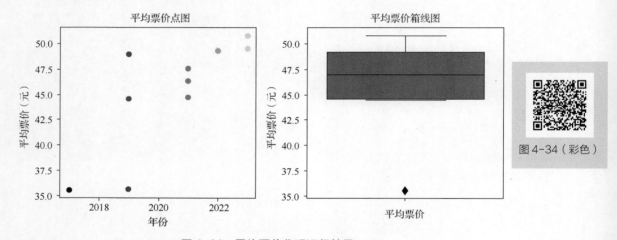

图 4-34（彩色）

图 4-34　平均票价代码运行结果

4.9.4　场均人次分析

【**例 4-22**】场均人次分析示例。代码如下。

```
# 绘制第一个子图：场均人次点图
plt.subplot(2, 2, 3)
sns.scatterplot(y='场均人次(人)', x='年份', data=movie, c=movie['年份'], cmap='plasma')
plt.title('场均人次点图')
plt.ylabel('场均人次(人)')
# 绘制第二个子图：场均人次箱线图
plt.subplot(2, 2, 4)
sns.boxplot(y='场均人次(人)', data=movie)
plt.title('场均人次箱线图')
plt.xlabel('场均人次')
```

```
plt.ylabel('场均人次(人)')
plt.tight_layout()
plt.show()
```

代码运行结果如图 4-35 所示。

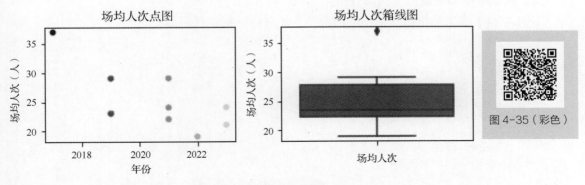

图 4-35（彩色）

图 4-35 场均人次代码运行结果

4.9.5 不同年份高票房电影数量统计

1. 高票房电影数量统计

【例 4-23】不同年份的高票房电影数量分析示例。代码如下。

```
plt.figure(figsize=(7, 3), dpi=128)
year_count = movie['年份'].value_counts().sort_index()
sns.lineplot(x=year_count.index, y=year_count.values, marker='o', lw=1.5, markersize=3)
plt.fill_between(year_count.index, 0, year_count, color='lightblue', alpha=0.8)
plt.title('不同年份高票房电影数量')
plt.xlabel('年份')
plt.ylabel('电影数量（部）')
# 在每个数据点上标注数值
for x, y in zip(year_count.index, year_count.values):
    plt.text(x, y + 0.2, str(
y), ha='center', va='bottom', fontsize=8)
plt.tight_layout()
plt.show()
```

代码运行结果如图 4-36 所示。

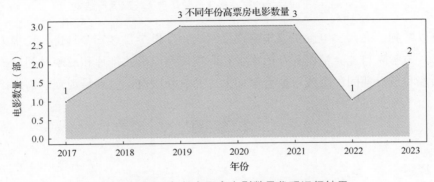

图 4-36 不同年份高票房电影数量代码运行结果

我们可以发现，2019 年和 2021 年高票房电影数量达到峰值，其中一个原因是这两个年份属于电影市场整体上火爆的年份，有更多观众参与观影，从而提高了高票房电影的数量。值得注意的是，高票房电影数量与当年上映的优质电影数量也有很大关系。

2. 高票房电影数量月度占比分析

【例 4-24】高票房电影数量不同月份的占比分析示例。代码如下。

```python
plt.figure(figsize=(4, 4),dpi=128)
month_count = movie['月份'].value_counts(normalize=True).sort_index()
# 绘制饼图
sns.set_palette("Set3")
plt.pie(month_count,
        labels=month_count.index,
        autopct='%.1f%%',
        startangle=140,
        counterclock=False,
        wedgeprops={'alpha': 0.9})
plt.axis('equal')
plt.text(-0.3,1.2,'不同月份高票房电影数量',fontsize=8)
plt.tight_layout()
plt.show()
```

代码运行结果如图 4-37 所示。

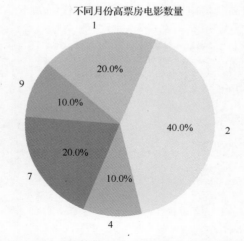

图 4-37　不同月份的高票房电影数量占比代码运行结果

我们可以看到，高票房电影主要集中在 2 月、1 月和 7 月这三个月份。这极大可能是院线经营策略，电影院可能会根据观众的需求和假期调整电影的排片和放映时间，最大化票房收入。在假期和节日期间，院线可能会增加大片的放映次数，以满足观众的需求。

本章习题

一、选择题

1. 描述性分析中，以下哪个不是常用的统计指标？（　　　　）

A．平均值   B．最大值   C．中位数   D．样本量

2．使用 pandas 的哪个函数可以进行描述性分析并获得常用统计指标？（   ）

A．describe()   B．summary()   C．analysis()   D．stats()

3．对比分析中，以下哪项不是关键绩效指标的示例？（   ）

A．GDP   B．留存率   C．利润率   D．平均年龄

4．在对比分析中，当比较两家公司的销售额时，你通常会比较哪类指标？（   ）

A．绝对指标   B．相对指标   C．两者都会比较   D．两者都不会比较

5．在对比分析中，以下哪个指标属于相对指标？（   ）

A．人口数   B．GDP

C．留存率   D．利润率（假设为单一数据点）

二、简答题

1．描述性分析在数据分析中的作用是什么？请简要说明。

2．对比分析中，为什么需要从多个维度进行比较？请举例说明。

3．简述绝对指标和相对指标在数据分析中的区别和联系。

4．假设你是一家电商公司的数据分析师，你会使用哪些关键绩效指标来评估公司的业务运营情况？请至少列出 3 个指标并解释其意义。

5．简述时间序列分析在预测未来趋势中的作用，并给出一个应用场景的例子。

本章实训

1．导入文件"第 4 章课后实训 1-data.xlsx"，使用 pandas 库中的 describe()函数，对其中的"sales"字段进行描述性分析，并解释得到的统计指标的意义。

2．现有某公司两个部门（分别为部门 A 和部门 B）的销售额数据（见文件"第 4 章课后实训 2-data.xlsx"）。请编写 Python 代码，使用对比分析的方法比较两个部门的销售额差异，并给出结论。

第5章 数据可视化

数据可视化是一种将数据中的信息、知识和规律以图形、图像、动画等视觉形式呈现出来的技术。它不仅可以让我们更快速地理解数据，还能帮助我们发现数据中隐藏的模式、趋势和关系，从而做出更为精准的决策。数据可视化是数据科学中不可或缺的一环，它能够将复杂的数据转化为直观、易于理解的图形、图像、动画等，直观地展示数据的特征和规律，揭示数据之间的关系和趋势，帮助人们更好地洞察数据背后的规律和趋势。通过数据可视化，我们可以快速发现数据中的异常值、缺失值、相关性等信息，为后续的数据处理和分析提供有力支持。本章将详细介绍如何使用 Python 进行数据可视化，帮助我们掌握将数据转化为图形、图像、动画等的技术。

本章学习目标

1. 熟悉基本的数据可视化工具和库。
2. 掌握 Matplotlib 库的使用。
3. 了解数据可视化的原理和技巧。
4. 熟练使用 Matplotlib 创建各种图表。
5. 了解数据可视化分析。

5.1 Python 数据可视化简介

Python 数据可视化是利用 Python 编程语言相关的各种库和工具来呈现数据的过程。数据可视化是将数据转换成图形、图表或其他可视化形式的过程，以便更直观地理解数据、发现规律、检测趋势、识别异常，并用于支持决策和沟通。Python 数据可视化的过程通常包括数据准备、选择合适的图表类型、绘制图表、分析和解读、优化调整等。

5.1.1 数据可视化的概念

数据可视化是指将数据以图形、图像、动画等方式呈现出来，使人们能够更加直观地理解数据的含义、关系和模式。数据可视化利用了人类的视觉感知能力，可以帮助人们发现数据中的规律、异常、趋势等，从而做出更好的决策和创新。数据可视化在金融、医疗、教育、科研、市场营销等领域都有着广泛的应用。

5.1.2　数据可视化常用图表

数据可视化图表有多种类型，根据数据的特点和目的，可以选择合适的图表来展示数据。常用的数据可视化图表包括以下几种。

饼图：用圆形的扇形区域来表示各类别的占比，适合用来展示数据的分布和比例。

柱状图/条形图：用垂直或水平的柱形来显示不同类别的数值，适合用来比较分类数据的大小或频率。

折线图：用折线连接数据点，显示数据随时间或有序类别的变化趋势，适合用来分析数据的波动和关系。

面积图：用面积来表示数值的大小，通常用来展示数据随时间或有序类别的变化趋势。

散点图：用点的位置来表示两个或多个变量之间的关系，通常用来发现变量之间的相关性或聚类。

矩阵图：用矩形的面积或颜色来表示数据的密度或强度，通常用来展示数据在二维空间的分布和集中程度。

5.1.3　Python 可视化模块

Python 可视化模块是指用来创建和展示数据的图形化表示的库或工具。Python 可视化模块有很多，它们各有特点和优势，适用于不同的场景和需求。本章以 Matplotlib 为例介绍 Python 可视化模块的操作。

5.2　Matplotlib 入门

Matplotlib 是 Python 语言及数值计算库 NumPy 的绘图库，它提供了一个面向对象的应用程序接口（API），也支持将绘图嵌入使用通用图形用户界面（GUI）工具包（如 Tkinter、wxPython、Qt 或 GTK）的程序中。Matplotlib 是一个 Python 2D 绘图库，它可以生成出版物质量的图形，支持多种格式和平台。Matplotlib 可以用于 Python 脚本、Python Shell 和 IPython Shell、Jupyter Notebook、Web 应用程序服务器和 GUI 工具包。使用 Matplotlib 可以绘制多种类型和风格的图形，如折线图、柱状图、饼图、散点图、直方图、箱线图、三维图、地图、热力图等。Matplotlib 还有许多附加工具包，可以扩展功能，如 mplot3d、axes_grid1、axisartist 等。在使用 Matplotlib 库之前请先安装该库（Anaconda 已经包含该库）。

5.3 饼图

饼图是一种常用的图表类型，通常用于展示数据的占比关系。它通过将一个圆形区域划分为多个扇形区域，反映出不同类别数据之间的对比关系以及不同类别数据在总体中的百分比。饼图可以直观地显示数据的构成比例、市场份额、支出占比等相关信息。其优点是易于理解、制作和可视化，可以帮助人们快速比较不同类别数据的占比大小关系。

【例 5-1】绘制动物分布饼图并标记切片，向标签列表传递 labels 参数以添加标签。代码如下。

```
# LT5-1.py
import matplotlib.pyplot as plt
labels = '青蛙', '野猪', '狗', '猫'
sizes = [15, 30, 45, 10]
fig, ax = plt.subplots()
ax.pie(sizes, labels=labels)
```

运行结果如图 5-1 所示。

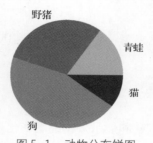

图 5-1　动物分布饼图

5.4 柱状图

柱状图是一种以长方形的长度为变量的统计图表，通常用来比较不同类别或时间段的数据大小或频率。它可以直观地反映数据的差异和分布情况，适合用来展示二维数据集，其中一个轴表示需要对比的分类维度，另一个轴代表相应的数值，如月份、商品销量，或者国家、人口密度等。

【例 5-2】使用 Matplotlib 显示不同种类水果的数量。代码如下。

```
# LT5-2.py
import matplotlib.pyplot as plt
# 设置 matplotlib 支持中文显示
plt.rcParams['font.sans-serif'] = ['SimHei']  # 指定默认字体为黑体
fig, ax = plt.subplots()
fruits = ['苹果', '蓝莓', '樱桃', '橘子']
counts = [40, 100, 30, 55]
bar_labels = ['红色', '蓝色', '_红色', '橙色']
bar_colors = ['tab:red', 'tab:blue', 'tab:red', 'tab:orange']
```

```
ax.bar(fruits, counts, label=bar_labels, color=bar_colors)
ax.set_ylabel('水果供应数量(kg)')
ax.set_title('按种类和颜色划分的水果供应数量')
ax.legend(title='水果颜色')
plt.show()
```

在上述代码中，ax.bar(fruits, counts, label = bar_labels, color = bar_colors)，调用 Axes 对象的 bar()方法创建柱状图。fruits 和 counts 分别传递了水果种类和对应的供应量，label 参数传递了颜色标签，color 参数传递了柱状图的颜色。代码运行结果如图 5-2 所示。

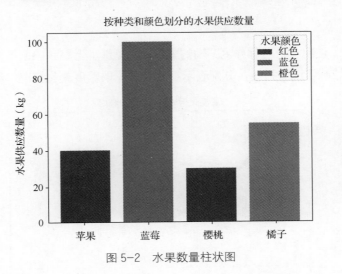

图 5-2（彩色）

图 5-2　水果数量柱状图

5.5　折线图

折线图是一种常用于数据可视化分析的统计图表，它通过将数据点以线段连接起来，以展示数据随着某个变量（通常是时间或另一个连续变量）的变化而变化的趋势。它可以直观地反映数据的变化趋势和幅度，可以对比多个数据集的差异，可以发现数据的异常波动。折线图适用于展示数据随时间变化的趋势，如股票分析、天气预报等，如果存在特殊异常数据，会比较清晰地展示出来。此外，通过在同一图表中叠加多个数据集的折线，还可以直观对比不同类别或条件下的数据变化趋势，进一步挖掘数据背后的深层含义。例 5-3 使用 Matplotlib 创建了城市全年平均温度折线图。

【例 5-3】城市全年平均温度统计。使用 Matplotlib 创建城市全年平均温度折线图。代码如下。

```
import matplotlib.pyplot as plt
# 设置matplotlib的字体为支持中文的字体
plt.rcParams['font.sans-serif'] = ['SimHei']      # 'SimHei' 是黑体
plt.rcParams['axes.unicode_minus'] = False        # 正确显示负号

months = ['一月', '二月', '三月', '四月', '五月', '六月',
```

5-1　城市全年平均温度统计

83

```
                '七月', '八月', '九月', '十月', '十一月', '十二月']
temperatures_shanghai = [3, 5, 10, 17, 22, 26, 31, 30, 26, 20, 12, 5]
temperatures_sydney = [27, 27, 25, 22, 19, 16, 15, 16, 18, 21, 23, 26]

plt.plot(months, temperatures_shanghai, marker='o', linestyle='-', label='上海')
plt.plot(months, temperatures_sydney, marker='s', linestyle='--', label='悉尼')
plt.title('气温变化折线图（上海与悉尼）')
plt.xlabel('月份')
plt.ylabel('温度（℃）')
plt.legend()
plt.grid(True)
plt.show()
```

在这个示例中，使用月份名称作为 *x* 轴的刻度，并提供了上海和悉尼每个月份的温度数据。通过 plt.plot() 函数绘制了两条折线，分别表示上海和悉尼的温度变化情况。结果如图 5-3 所示。

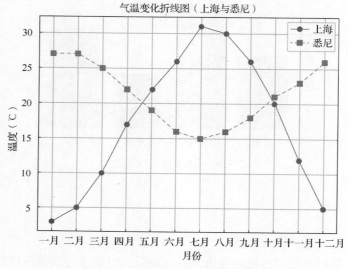

图 5-3　城市全年平均温度折线图

5.6　面积图

面积图是一种数据可视化图表，通常用于展示数据随时间变化的趋势，以及不同类别之间的比较。面积图通过填充折线图下方的区域，突出展示了数据的变化趋势。这种视觉效果有助于观察数据的整体走势，识别数据的周期性、趋势和突变点。通过不同的颜色或阴影区域进行区分，面积图可以同时显示多个类别数据的变化趋势。这使我们可以方便地比较不同类别的数据，从而更好地理解数据之间的关系。此外，它强调了整体数据和部分数据之间的关系。通过填充折线下方的区域，我们可以更直观地看到整体数据的大小和各部分数据的贡献程度。

【例 5-4】全球人口数量变化图。通过 Matplotlib 创建 1950—2018 年间的全球各大洲人口数量变化图。代码如下。

```
import matplotlib.pyplot as plt
```

```
import numpy as np

year = [1950, 1960, 1970, 1980, 1990, 2000, 2010, 2018]
population_by_continent = {
    '非洲': [228, 284, 365, 477, 631, 814, 1044, 1275],
    '美洲': [340, 425, 519, 619, 727, 840, 943, 1006],
    '亚洲': [1394, 1686, 2120, 2625, 3202, 3714, 4169, 4560],
    '欧洲': [220, 253, 276, 295, 310, 303, 294, 293],
    '大洋洲': [12, 15, 19, 22, 26, 31, 36, 39],
}
fig, ax = plt.subplots()
ax.stackplot(year, population_by_continent.values(),
             labels=population_by_continent.keys(), alpha=0.8)
ax.legend(loc='upper left', reverse=True)
ax.set_title('世界人口数')
ax.set_xlabel('年份')
ax.set_ylabel('人口数（百万）')
plt.show()
```

代码运行结果如图 5-4 所示。以上代码使用 Matplotlib 创建了一个堆叠面积图，展示了从 1950 年到 2018 年世界各大洲的人口数量变化情况。使用 ax.stackplot()函数创建堆叠面积图。该函数接收两个参数：x 轴的数据和堆叠的 y 轴的数据。这里使用了 population_by_continent.values()来获取所有大洲的人口数量列表，然后堆叠在一起。labels 参数指定了每个堆叠区域的标签，即各大洲的名称。alpha 参数设置了填充区域的透明度。

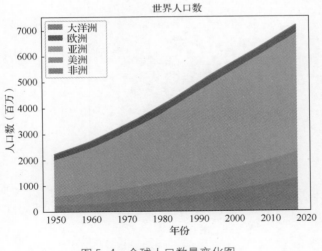

图 5-4（彩色）

图 5-4　全球人口数量变化图

5.7　散点图

散点图是一种用于展示两个变量之间关系的图表类型。它通过在二维坐标系中绘制数据点来展示两个变量之间的关系，每个数据点代表一个观测值。通过观察散点图中的数据分布，可以发现两个变量之间的趋势、相关性或者其他关系，如正相关、负相关、线性关系、非线性关系等。

散点图有助于识别数据中的异常值或者离群点，这些点可能与整体数据分布不符，需要进一步分析或处理。散点图中密集的数据点表示数据分布较为集中，而稀疏的数据点表示数据分布较为分散，可以直观地展示数据的密度分布情况。散点图适用于各种数据类型和领域，包括科学研究、工程分析、市场调查等。它可以用于探索性数据分析、发现规律、做出预测等。

【例 5-5】使用 np.random.seed()生成散点图。代码如下。

```python
# 导入包
import matplotlib.pyplot as plt
import numpy as np

np.random.seed(23459780)         # 设置生成随机数的种子
x = np.random.randn(1000)        # 随机生成 1000 个横坐标值
y = np.random.randn(1000)        # 随机生成 1000 个纵坐标值
fig = plt.figure(figsize=(6, 6))
ax = fig.add_subplot(111)
ax.scatter(x, y)
plt.show()                       #绘制散点图
```

绘制的散点图如图 5-5 所示。

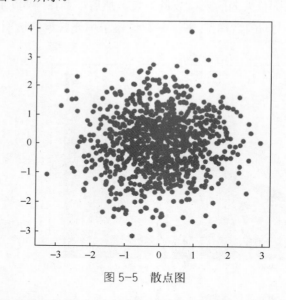

图 5-5　散点图

上述代码运行过程中，首先导入 matplotlib.pyplot 和 NumPy 库。然后，通过设置随机数的种子来固定随机数生成器的状态，以确保每次运行代码时生成相同的随机数据，保证了结果的可复现性。接下来，使用 np.random.randn()函数生成了两个包含 1000 个元素的随机数数组 x 和 y，这些数是从标准正态分布中随机抽取的。再通过 plt.figure()创建了一个大小为 6×6（英寸，1 英寸=2.54 厘米）的新图形，并使用 fig.add_subplot(111)在图形中创建了一个单独的子图（Axes）。这里的参数 111 表示图形只有一个子图，即一个网格中的一行一列，因此是单个子图。随后，调用 ax.scatter(x,y)在子图中绘制了一个散点图，其中 x 轴对应数组 x 的值，

y 轴对应数组 *y* 的值。最终通过 plt.show() 显示散点图。

5.8　矩阵图

矩阵图（matrix diagram），也被称为热力图（heat map），是一种用颜色编码的矩形区域来展示矩阵数据的图表类型。它在数据分析和数据可视化领域被广泛应用，特别适用于展示二维数据的模式、关系和趋势。在矩阵图中，数据矩阵的每个元素都被映射到一个颜色值上，这种颜色映射通常是通过一个色标（color scale）来表示的，如低值可以用浅色，高值可以用深色来表示，中间值则使用中间色。

矩阵图具有多种用途，它可以帮助分析者快速识别数据中的模式、异常值或趋势。此外，当处理相关系数矩阵或协方差矩阵时，矩阵图可以展示不同变量之间的相关性或相关程度。在机器学习中，可以使用矩阵图来可视化特征之间的关联性，有助于特征选择或特征工程的决策。由此可见，矩阵图是一种简单而强大的可视化工具，可以帮助人们理解复杂的数据结构、关系和模式。

【例 5-6】产品销量矩阵图。代码如下。

```python
import numpy as np
import matplotlib.pyplot as plt

months = ['一月', '二月', '三月', '四月', '五月', '六月', '七月', '八月', '九月', '十月', '十一月', '十二月']
num_products = 6
num_months = len(months)
sales_data = np.zeros((num_products, num_months))

sales_data[0] = [500, 400, 300, 200, 200, 300, 400, 500, 600, 700, 700, 800]
sales_data[1] = [200, 300, 500, 600, 700, 800, 800, 900, 800, 700, 600, 500]
sales_data[2] = [600, 500, 400, 300, 300, 400, 500, 600, 700, 800, 800, 900]
sales_data[3] = [520, 480, 310, 230, 260, 220, 330, 410, 520, 630, 670, 810]
sales_data[4] = [300, 400, 500, 600, 700, 800, 900, 800, 700, 600, 500, 400]
sales_data[5] = [510, 380, 310, 220, 160, 240, 320, 410, 490, 620, 660, 800]

plt.figure(figsize=(12, 8))
plt.imshow(sales_data, cmap='Greens', interpolation='nearest')
plt.colorbar(label='销量(吨)')
plt.title('按产品类别和月份绘制的销售热力图')
plt.xlabel('月份')
plt.ylabel('产品类别')
plt.xticks(np.arange(num_months), months)
plt.yticks(np.arange(num_products), ['产品类别 {}'.format(i+1) for i in range(num_products)])
plt.tight_layout()
plt.show()
```

上述代码创建了一个销售数据矩阵，并使用矩阵图（热力图）对其进行可视化，输出结果如图 5-6 所示。

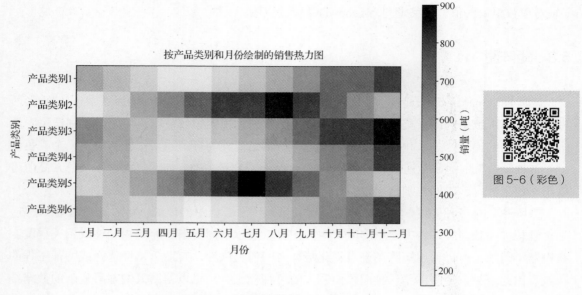

图 5-6　产品销量矩阵图

　　图 5-6 中不同颜色的方块表示不同产品在不同月份的销售量，颜色越深代表销售量越高。通过这个矩阵图，我们可以快速了解每种产品在不同月份的销售情况以及对比不同产品的销售趋势。

5.9　应用实例——学生成绩可视化分析

　　某班级共有 50 名学生，每名学生有 4 门课程，部分学生的学号和各门功课的成绩如图 5-7 所示。请根据所给数据，绘制学生成绩分布直方图、学生成绩分布饼图和单科成绩分布散点图。

	A	B	C	D	E
1	学号	高等数学(分)	大学英语(分)	羽毛球(分)	Python数据分析(分)
2	1	54	64	57	98
3	2	67	80	52	99
4	3	71	92	83	94
5	4	97	97	83	66
6	5	84	63	52	86
7	6	78	56	50	50
8	7	94	89	77	82
9	8	76	83	48	49
10	9	86	49	79	86

图 5-7　学生成绩表

5.9.1　成绩分布直方图

　　学生成绩分布直方图展示了班级学生在不同科目（高等数学、大学英语、羽毛球、Python数据分析）的成绩情况。横坐标表示成绩的范围，纵坐标表示该成绩范围内的学生人数。直方图的柱子越高，表示落在该成绩范围内的学生数量越多。通过观察直方图，可以看出成绩的分布情况，以及成绩的集中程度和分散程度。如果直方图呈现单峰分布，即柱子高度集中在某个成绩范围内，说明大多数学生的成绩相对集中；如果呈现多峰分布，说明可能存在不同层次的学生群体。此外，直方图还可以展现出成绩的分布形态，如正态分布、偏态分布等。学生成绩分布直方图可以帮助教师或学生更直观地了解整个班级的成绩情况。

【例 5-7】学生成绩分布直方图。代码如下。

5-2　学生成绩分布
直方图

```python
import pandas as pd
import matplotlib.pyplot as plt
import matplotlib
import numpy as np

matplotlib.rc('font', family='Microsoft YaHei')
scores_df = pd.read_csv('学生成绩表.csv', encoding='gbk')

# 修改列名，去除不需要的字符
scores_df.columns = [col.replace('(分)', '') if '(分)' in col else col for col in scores_
df.columns]

def plot_histogram(ax, column, title):
    data = scores_df[column]
    bin_edges = np.linspace(48, 100, 27)
    ax.hist(data, bins=bin_edges, color='lightblue', edgecolor='gray')
    ax.set_title(title)
    ax.set_xlabel('分数(分)')
    ax.set_ylabel('人数(人)')
    ax.grid(True)

max_ylim = 0
for i, column in enumerate(scores_df.columns[1:]):
    fig, ax = plt.subplots(figsize=(6, 5))
    plot_histogram(ax, column, f'{column}成绩分布')
    max_ylim = 9
    ax.set_ylim(top=max_ylim)
    ax.set_yticks(np.arange(int(max_ylim) + 1))
    plt.show()
```

运行上述代码，得到各门功课的成绩分布直方图。结果如图 5-8 至图 5-11 所示。

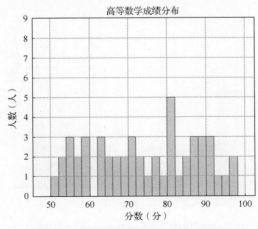

图 5-8　高等数学成绩分布直方图

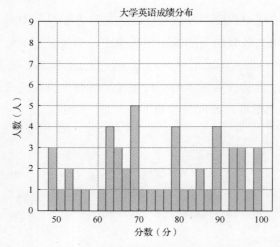

图 5-9　大学英语成绩分布直方图

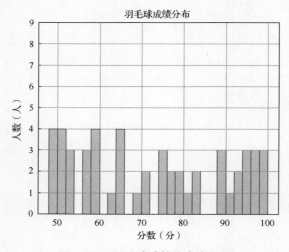

图 5-10　羽毛球成绩分布直方图

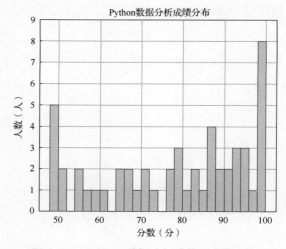

图 5-11　Python 数据分析成绩分布直方图

5.9.2 学生课程成绩分布饼图

学生课程成绩分布饼图显示了该群体学生在某一门课程中各个成绩段所占比例。饼图的每个扇形代表了一个成绩段，其面积大小表示该成绩段在整体分数分布中的相对比例。通过观察饼图，可以快速了解学生在某一门课程中的整体成绩分布情况。

【例 5-8】学生课程成绩分布饼图。代码如下。

5-3 学生课程成绩分布饼图

```python
import pandas as pd
import matplotlib.pyplot as plt
import matplotlib

matplotlib.rc('font', family='Microsoft YaHei')
scores_df=pd.read_csv('学生成绩表.csv',encoding='gbk')
# 修改列名，去除不需要的字符
scores_df.columns = [col.replace('(分)', '') if '(分)' in col else col for col in scores_df.columns]
score_ranges = [(0, 60), (60, 70), (70, 80), (80, 90), (90, 100)]
range_labels = ['0~59分', '60~69分', '70~79分', '80~89分', '90~100分']
cmap = plt.get_cmap('Greens')
colors = [cmap(i / float(len(score_ranges))) for i in range(len(score_ranges))]

for i, column in enumerate(scores_df.columns[1:]):
    fig, ax = plt.subplots(figsize=(6, 6))
    data = scores_df[column]
    counts = [sum((data >= start) & (data < end)) for start, end in score_ranges]
    ax.pie(counts, labels=range_labels, autopct='%1.1f%%', startangle=90, colors=colors)
    ax.set_title(f'{column}成绩分布', fontsize=14)
    ax.axis('equal')  # 确保饼图为圆形
    plt.show()
```

运行上述代码，结果如图 5-12 至图 5-15 所示。

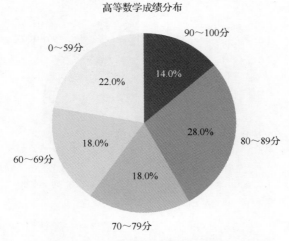

图 5-12 高等数学成绩分布饼图

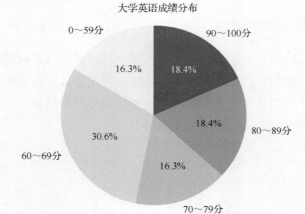

图 5-13　大学英语成绩分布饼图

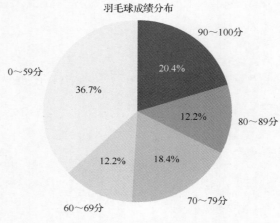

图 5-14　羽毛球成绩分布饼图

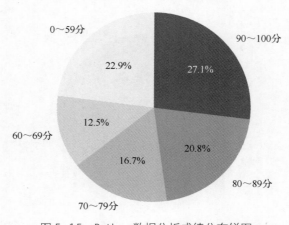

图 5-15　Python 数据分析成绩分布饼图

5.9.3　单科成绩分布散点图

　　学生单科成绩散点图用于呈现学生在不同科目中的成绩分布情况。本小节的散点图展示了学生在不同科目中的成绩分布情况，每个数据点代表一个学生在特定科目的成绩。

　　【例 5-9】学生课程成绩分布散点图。代码如下。

```
import pandas as pd
import matplotlib.pyplot as plt
import matplotlib

matplotlib.rc('font', family='Microsoft YaHei')
scores_df = pd.read_csv('学生成绩表.csv', encoding='gbk')# 使用 gbk 编码
格式打开学生成绩表

# 修改列名，去除不需要的字符
scores_df.columns = [col.replace('(分)', '') if '(分)' in col else col for col in scores_
df.columns]

for i, column in enumerate(scores_df.columns[1:]):
    fig, ax = plt.subplots(figsize=(6, 5))
    ax.scatter(scores_df['学号'], scores_df[column], alpha=0.5)
    ax.set_title(f'{column}成绩散点图')
    ax.set_xlabel('学号')
    ax.set_ylabel('成绩（分）')
    ax.grid(True)
plt.show()
    # plt.savefig(f'{column}_scatter_plot.png')        # 也可以选择保存在本地
plt.close()
```

5-4　学生课程成绩
分布散点图

　　运行上述代码，结果如图 5-16 至图 5-19 所示。

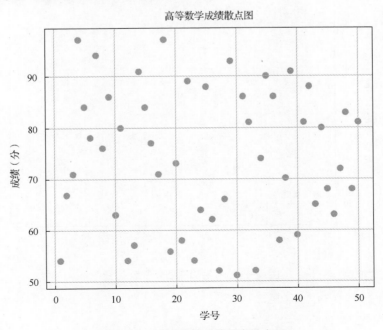

图 5-16　高等数学成绩分布散点图

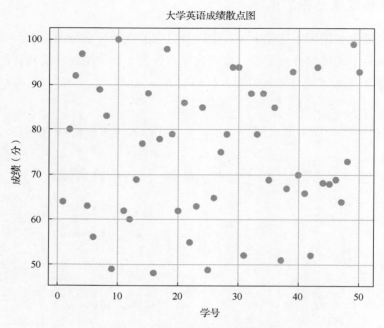

图 5-17　大学英语成绩分布散点图

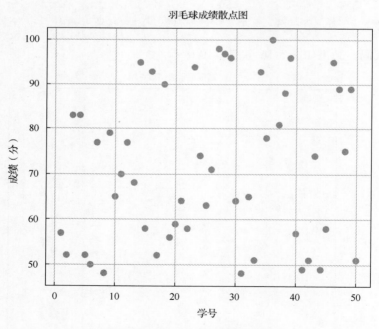

图 5-18　羽毛球成绩分布散点图

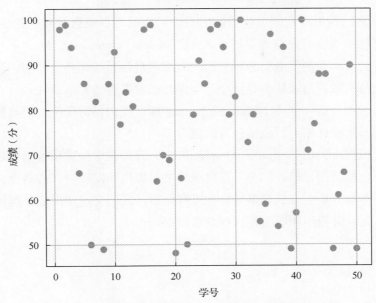

图 5-19　Python 数据分析成绩分布散点图

本章习题

1．描述 Matplotlib 库中 Pyplot 模块的基本功能。

2．给定一组数据，选择合适的图表类型进行可视化，并解释你的选择理由。

3．创建一个饼图来展示不同类别数据的占比，并解释如何添加标签和标题。

4．使用 Matplotlib 绘制一个柱状图，展示 4 种水果的供应量，并为每种水果指定不同的颜色。

5．如何使用 stackplot()方法创建一个面积图来展示数据随时间变化的趋势？

本章实训

　　学生成绩分析是指对学生在学习过程中取得的成绩进行系统性的分析和评估的过程。通过分析学生成绩，我们可以评估学生在不同学科和各个学习阶段的学习水平，帮助教师和学校了解学生的学习状况。此外，学生成绩也是评估教学质量的重要指标之一，通过学生成绩分析，教师和学校可以了解教学方法和教学内容的有效性，从而及时调整教学策略，优化教学过程，提高教学质量。

1．目标

　　本项目的主要目标是对学生成绩数据进行全面的分析和可视化，帮助教育机构、教师更好地了解学生的学习情况、发现问题，从而优化教学过程，提高教学质量。

2. 步骤

（1）数据收集：我们将收集学生成绩的数据，数据可以来自教育机构的数据库、Excel 表格或其他数据源。（参考数据为"第 5 章实训 student_scores.csv"）

（2）数据预处理：在进行数据分析之前，对数据进行预处理是必要的。我们将进行数据清洗、处理缺失值和数据格式转换等操作，确保数据的完整性和准确性。

（3）数据探索与分析：利用 Python 的 pandas 库，我们将对学生成绩数据进行探索性分析，了解学生的基本统计信息、成绩分布情况等。

（4）数据可视化：利用 Python 的 Matplotlib 库，我们将学生成绩数据可视化，绘制各种图表，如折线图、柱状图、散点图等，以直观地展示数据和发现潜在的规律。

（5）结果解释与分析：完成数据分析和可视化后，我们将对结果进行解释和分析，找出学生的优势和不足，并提出相应的建议和改进措施。

第二篇

应用篇

第6章 电影评论数据爬取

数据成为我们获取和传递信息的重要载体。无论是电影评论、新闻报道,还是学术论文、产品评论,社交媒体文本等蕴含着丰富的信息。电影评论数据作为反映观众喜好、电影质量以及市场趋势的重要数据之一,对电影产业、影评人、市场营销人员等都具有极高的价值。数据爬取是获取数据的重要方式之一。本章将详细介绍如何使用 Python 进行电影评论数据的爬取,帮助我们从网络上抓取有用的数据,并进行后续的分析和应用。

本章学习目标

1. 了解文本爬取的基本概念。
2. 了解文本爬取的基本流程与方法。
3. 掌握 Requests、BeautifulSoup 等相关库的使用。
4. 熟悉应用文本爬取方法。

6.1 Python 数据爬虫概述

互联网成为大量信息的载体,网络爬虫是解决如何有效地提取并利用这些信息的工具之一。本节介绍 Python 数据爬虫,了解网络爬虫的基本概念和主要任务。

6.1.1 网络爬虫概念

网络爬虫,又称为网页蜘蛛、网络机器人或网页追逐者,是一种按照一定的规则,自动抓取网络信息的程序或脚本。它通过模拟用户浏览网页的行为,对互联网上的网页进行遍历,并从这些网页中抓取需要的数据。网络爬虫模拟浏览器发送网络请求,接收请求响应,按照一定的规则,自动地抓取互联网信息的程序。在学习网络爬虫的时候,不仅需要了解网络爬虫的实现过程,在特定情况下还需要制定相应的算法。

6.1.2 网络爬虫基础

1. 了解 HTML 和网页结构

在进行爬取之前需要先知道什么是 HTML。HTML 是一种标记语言，用来描述网页的结构，它由各种标签（tag）和属性组成。在爬取 HTML 网页时，我们需要了解网页的结构，明确要爬取的数据标签和属性。可以使用浏览器打开网页，通过相应的"查看"-"源文件"命令来查看网页中的 HTML 源代码。HTML 文件可以直接由浏览器解释执行，无须编译。当用浏览器打开网页时，浏览器读取网页中的 HTML 代码，分析语法结构，然后根据解释的结果来显示网页内容。

网页源代码如图 6-1 所示。图中第一行代码用于指定文档的类型；第三行和第六行代码为 HTML 文档的根标签，也就是<html>标签；第四行代码为头标签，也就是<head>标签；第五行代码为主体标签，也就是<body>标签。头标签与主体标签下还包含更多的内容，此处不展开介绍。

图 6-1 所示代码运行结果如图 6-2 所示。

```
  <!DOCTYPE html> == $0
  <!--STATUS OK-->
  <html class="sui-componentWrap" style="--bubble-width: 140px; --bubble-padding-left: 164px;">
  ▶ <head>…</head>
  ▶ <body class="cos-pc   open-homepage-tts s-manhattan-index" ssr="n" inmaintabuse="1" style>…</body>
  </html>
```

图 6-1　网页源代码

图 6-2　网页

2. 安装和导入相关库

Python 有很多库可以用来进行网页爬取，常见的是 BeautifulSoup 库和 Requests 库。我们需要先安装这些库，并在代码中导入它们。需要注意的是，在进行爬取时，所需要的库并不是固定的，具体需要安装和导入的库可以根据需求来选择。导入相关库的代码如下。

```
import os
import time
import requests
from bs4 import BeautifulSoup
from openpyxl import Workbook
```

3. 发送 HTTP 请求来获取网页的内容

演示网页地址：https://www.gaoxiaojob.com/（演示网页地址为真实网页地址，请勿做非法侵入）。使用 Requests 库可以发送 HTTP 请求来获取网页的内容。在浏览器中访问相应网址，打开开发者工具（按快捷键 F12）可以找到相应的 User_Agent、URL 以及 Cookie。通过发送请求获取 HTML 文件。

【例 6-1】发送 HTTP 请求来获取网页的内容，代码如下。

```
import requests
url = 'https://www.gaoxiaojob.com/'
user_agent = 'Mozilla/5.0 (Windows NT 10.0; Win64; x64) AppleWebKit/537.36 (KHTML, like Gecko) Chrome/122.0.0.0 Safari/537.36 Edg/122.0.0.0'
cookie_value='gr_user_id=7bb532bb-f469-441f-b038-c78fc9495154;gaoxiaojob=67451184860242481369524011659378;Hm_lvt_4300f9187d3b607ec69ea844e79f3dae=1710821201;8e5e4b80a514d362_gr_session_id=a5db25f0-f52a-4ee4-b99c-6d4482346fdc;8e5e4b80a514d362_gr_session_id_sent_vst=a5db25f0-f52a-4ee4-b99c-6d4482346fdc;Hm_lpvt_4300f9187d3b607ec69ea844e79f3dae=1710822893'
header = {'User-Agent': user_agent,'Cookie': cookie_value}
response = requests.get(url, headers=header)
print(response)
```

4. 解析 HTML 网页内容

首先按快捷键 F12 打开开发者工具，找到需要抓取数据的内容。然后运用 BeautifulSoup 库对 HTML 网页内容进行解析。

【例 6-2】解析 HTML 网页内容，代码如下。

```
import requests
from bs4 import BeautifulSoup
url = 'https://www.gaoxiaojob.com/'
response = requests.get(url)
if response.status_code == 200:
    soup = BeautifulSoup(response.text, 'lxml')
    title = soup.title.string
    print(f'网页标题: {title}')
    elements_with_class = soup.find_all(class_='a3')
    for element in elements_with_class:
        print(element.get_text(strip=True))
else:
    print(f'请求失败，状态码: {response.status_code}')
```

5. 定位内容和提取数据

通过分析网页的结构，可以找到要爬取的数据的标签和属性。在使用 BeautifulSoup 库时，可以使用 CSS 选择器或 XPath 语法来定位内容和提取数据。通过调用相应的方法，获取所需的数据，如获取文本内容、获取属性值等。

【例 6-3】定位内容和提取数据，代码如下。

```
import requests
from bs4 import BeautifulSoup
url = 'https://www.gaoxiaojob.com/'
response = requests.get(url)
if response.status_code == 200:
    soup = BeautifulSoup(response.text, 'lxml')
    a3_element = soup.find(class_='a3')
    if a3_element:
        li_tags = a3_element.find_all('li')
        for li in li_tags:
            a_tag = li.find('a')
```

```
            if a_tag:
                href = a_tag.get('href')
                title = a_tag.get('title') or a_tag.get_text(strip=True)
                print(f'学校主页：{href}')
                print(f'学校：{title}')
                print()    # 输出空行以便分隔不同的条目
        else:
            print("未找到类名为 'a3' 的元素")
else:
    print(f'请求失败，状态码：{response.status_code}')
```

6. 保存爬取的数据

最后，可以将爬取的数据保存到本地文件或数据库中。可以使用 Python 的文件操作来保存数据到文件中，也可以使用数据库操作来保存数据到数据库中。

【例 6-4】保存抓取的数据，代码如下。

```
import requests
from bs4 import BeautifulSoup
import pandas as pd
url = 'https://www.gaoxiaojob.com/'
response = requests.get(url)
if response.status_code == 200:
    soup = BeautifulSoup(response.text, 'lxml')
    data = []
    elements_with_class_a3 = soup.find_all(class_='a3')
    for element in elements_with_class_a3:
        li_tags = element.find_all('li')
        for li in li_tags:
            a_tag = li.find('a')
            if a_tag:
                href = a_tag.get('href')
                title = a_tag.get('title') or a_tag.get_text(strip=True)
                data.append({'学校主页': href, '学校': title})
    df = pd.DataFrame(data)
    excel_path = 'D:\\py1\\1.xlsx'        # 可以指定一个保存抓取数据的路径
    df.to_excel(excel_path, index=False)
    print(f'数据已保存到：{excel_path}')
else:
    print(f'请求失败，状态码：{response.status_code}')
```

保存后的文件如图 6-3 所示。

图 6-3 保存后的文件

6.2 Python 爬虫常用库

在进行爬取的过程中会使用到各种 Python 库，常用的库如下。

Requests：一个基于 urllib 的 HTTP 库，它采用了 Apache2 Licensed 开源协议。Requests 库提供了简洁的 API，使发送 HTTP 请求变得简单。

BeautifulSoup：一个用于解析 HTML 文档和 XML 文档的 Python 库。它提供了一些简单、省力的方法从网页抓取数据。通过 BeautifulSoup，可以方便地遍历、搜索、修改解析树。

除上述两个库之外，还有很多可以使用的库，如 Scrapy、Selenium、lxml、PyMongo 等。

6.2.1 Requests 库

Requests 库是 Python 中一个非常流行的 HTTP 客户端库，用于发送所有类型的 HTTP 请求。Requests 库的主要工作过程如下。

1. 发送基本的 get 请求

通过 Requests 库来发送 get 请求时主要有两种方式：一种是不带参数，另一种是带参数。

（1）不带参数的 get 请求。首先来发送不带参数的请求并输出响应状态，代码如下。

```
import requests
response = requests.get('http://httpbin.org/get')
print(response.text)
```

代码运行结果如图 6-4 所示。

```
{
  "args": {},
  "headers": {
    "Accept": "*/*",
    "Accept-Encoding": "gzip, deflate, br",
    "Host": "httpbin.org",
    "User-Agent": "python-requests/2.28.1",
    "X-Amzn-Trace-Id": "Root=1-65f94b99-07b84e314042a7bf00836367"
  },
  "origin": "171.34.140.7",
  "url": "http://httpbin.org/get"
}
```

图 6-4　发送基本的 get 请求代码运行结果

（2）带参数的 get 请求。

通过在统一资源定位符（URL）后附加参数来发送请求的一种方式，其中参数为键值对参数，用于向服务器传递数据。参数通常以查询字符串（query string）的方式附加到 URL 的末尾。查询字符串以问号（?）开头，后面跟着一系列的参数，每个参数由键（key）和值（value）组成，多个参数之间使用&符号分隔。代码如下。

```
import requests
response = requests.get("http://httpbin.org/get?name=gurty&age=19")
print(response.text)
```

运行结果如图 6-5 所示。

```
{
  "args": {
    "age": "19",
    "name": "gurty"
  },
  "headers": {
    "Accept": "*/*",
    "Accept-Encoding": "gzip, deflate, br",
    "Host": "httpbin.org",
    "User-Agent": "python-requests/2.28.1",
    "X-Amzn-Trace-Id": "Root=1-65f94e97-5824277f2c6fc404371a983f"
  },
  "origin": "171.34.140.7",
  "url": "http://httpbin.org/get?name=gurty&age=19"
}
```

图 6-5　带参数 get 请求代码运行结果

2. 基本 post 请求

Requests 库中常用的请求方式有两种，一种是已经介绍过的 get 请求，另一种是 post 请求，post 请求也叫作提交表单，表单中的数据就是对应的请求参数。使用 post 请求时需要设置请求参数 data。代码如下。

```
import requests
data = {'name': 'gurty', 'age': '19'}
response = requests.post("http://httpbin.org/post", data=data)
print(response.text)
```

代码运行结果如图 6-6 所示。

```
{
  "args": {},
  "data": "",
  "files": {},
  "form": {
    "age": "19",
    "name": "gurty"
  },
  "headers": {
    "Accept": "*/*",
    "Accept-Encoding": "gzip, deflate, br",
    "Content-Length": "17",
    "Content-Type": "application/x-www-form-urlencoded",
    "Host": "httpbin.org",
    "User-Agent": "python-requests/2.28.1",
    "X-Amzn-Trace-Id": "Root=1-65f9507b-5bbdddb93183efd656250709"
  },
  "json": null,
  "origin": "171.34.140.7",
  "url": "http://httpbin.org/post"
}
```

图 6-6　基本 post 请求代码运行结果

3. 二进制数据获取

Requests 库中使用 get 请求来爬取二进制数据（如图片、音频、视频等文件），需要发送一个 get 请求到相应的 URL，并确保在请求中正确处理响应的内容。二进制数据通常不会直接以文本形式输出或存储，而是需要被保存到文件或者以其他适合处理二进制数据的方式进行处理。

【例 6-5】 二进制数据获取，代码如下。

```
import os
import requests
logo_url = 'https://www.baidu.com/img/flexible/logo/pc/result.png'

# file_path 可以指定一个保存抓取数据的路径，此为当前路径，文件名为 baidu_logo.png
file_path = './baidu_logo.png'
response = requests.get(logo_url)
if response.status_code == 200:
    directory = os.path.dirname(file_path)
    if not os.path.exists(directory):
        os.makedirs(directory)
    with open(file_path, 'wb') as f:
        f.write(response.content)
    print("百度 logo 图片已成功保存到 D 盘。")
else:
    print(f"请求失败，状态码：{response.status_code}")
```

代码运行结果如图 6-7 所示。

图 6-7　获取二进制数据代码运行结果

4．带 headers 请求

在请求爬取网站数据时，会发现无论是通过 get 请求或者 post 请求以及其他方式都会出现 403 错误，这是因为有些网站为了防止恶意采集信息，使用了反爬虫技术，需要模拟浏览器的头部信息来进行访问。代码如下。

```
import requests
url = 'https://www.baidu.com/'
headers = { 'User-Agent': 'Mozilla/5.0 (Windows NT 10.0; Win64; x64) AppleWebKit/537.36
(KHTML, like Gecko) Chrome/122.0.0.0 Safari/537.36 Edg/122.0.0.0' }
response = requests.get(url, headers=headers)
print(response.status_code)
```

6.2.2　BeautifulSoup 库

通过对 Requests 库的学习，我们可以很方便地获取网页内容（即网页源代码），但通常我们所需要的只是里面的部分数据，这时就需要对网页内容进行解析，从而提取出有意义的数据。而 BeautifulSoup 是一个用于从 HTML 文件和 XML 文件之中提取数据的 Python 库。它提供一些简单的、Python 式的函数来处理导航、搜索、修改分析树等，利用它可以省去很多烦琐的提取工作，提高解析效率。BeautifulSoup 自动将输入文档转换成 Unicode 编码，输出文档转换成 UTF-8 代码。BeautifulSoup 库主要工作过程如下。

1．解析 HTML 代码

在安装了 BeautifulSoup 之后，可以对 HTML 代码进行解析，具体的步骤如下。

【例 6-6】解析 HTML 代码使用示例。

（1）导入 BeautifulSoup 库，然后创建一个模拟 HTML 代码的字符串，代码如下。

```
from bs4 import BeautifulSoup     # 创建模拟的 HTML 代码字符串
html_string = '''
<html>
<head>
    <title>示例页面</title>
</head>
<body>
    <h1>这是一个示例页面</h1>
    <p>这是一个段落。</p>
    <ul> <li>项目 1</li></ul>
</body>
</html>
'''
```

（2）创建 BeautifulSoup 对象，然后通过 prettify() 方法输出解析后的内容，包括标签和文本，代码如下。

```
soup = BeautifulSoup(html_string, 'lxml')
print(soup.prettify())# 输出所有内容
```

运行结果如图 6-8 所示。

```
<html>
 <head>
  <title>
   示例页面
  </title>
 </head>
 <body>
  <h1>
   这是一个示例页面
  </h1>
  <p>
   这是一个段落。
  </p>
  <ul>
   <li>
    项目1
   </li>
  </ul>
 </body>
</html>
```

图 6-8　解析 HTML 代码运行结果

2．获取标签内容

使用 BeautifulSoup 可以直接调用标签的名称，然后调用对应的 string 属性，可以获取标签内容的文本信息。

（1）获取标签对应的代码：直接调用对应的标签名，如\<head\>、\<body\>、\<title\>等标签。

【例 6-7】获取标签代码使用示例。代码如下。

```
from bs4 import BeautifulSoup
html_string = '''
<html>
<head>
    <title>示例页面</title>
```

```
    </head>
    <body>
        <h1 id="title">这是一个示例页面</h1>
        <p class="content">这是一个段落。</p>
        <a href="https://example.com" class="link">链接</a>
    </body>
</html>
'''
soup = BeautifulSoup(html_string, 'html.parser')
# 获取标签的代码
head_code = soup.head
p_code = soup.p
a_code = soup.a
print("head 标签代码:", head_code)# 输出结果
print("p 标签代码:", p_code)
print("a 标签代码:", a_code)
```

代码运行结果如图 6-9 所示。

```
head标签代码: <head>
<title>示例页面</title>
</head>
p标签代码: <p class="content">这是一个段落。</p>
a标签代码: <a class="link" href="https://example.com">链接</a>
```

图 6-9　获取标签代码运行结果

（2）获取标签属性：每一个标签中都可能会包含很多个属性，如 class、id 等。可以通过调用 attrs 来获取某一个指定的标签名称下的所有属性。也可以在 attrs 后加[]并在其中指定属性名称来获取属性对应的值。

【例 6-8】获取标签属性使用示例。代码如下。

```
from bs4 import BeautifulSoup
soup = BeautifulSoup(html_string, 'html.parser')
# 获取标签的属性
h1_attrs = soup.h1.attrs
p_attrs = soup.p.attrs
a_attrs = soup.a.attrs
# 输出结果
print("h1 所有属性:", h1_attrs)
print("p 所有属性:", p_attrs)
print("a 所有属性:", a_attrs)
```

运行结果如图 6-10 所示。

```
h1所有属性: {'id': 'title'}
p所有属性: {'class': ['content']}
a所有属性: {'href': 'https://example.com', 'class': ['link']}
```

图 6-10　获取标签属性运行结果

（3）获取标签内的文本：想要获取标签内的文本内容，只需要在标签名称的后面添加 string 属性或者 content 属性即可。

string 表示标签中直接包含的文本内容。如果标签中只包含文本，那么使用 string 属性将返回这段文本；如果标签中包含多个子标签，那么使用 string 属性将返回 None。

使用 contents 属性返回标签中所有子节点的列表（包括文本节点和其他标签），可以对列表中的每个子节点进行处理。

【例 6-9】获取标签内容使用示例，代码如下。

```
from bs4 import BeautifulSoup
soup = BeautifulSoup(html_string, 'html.parser')
# 获取标签的内容
h1_content = soup.h1.text
p_content = soup.p.text
a_content = soup.a.text
# 输出结果
print("h1内容:", h1_content)
print("p内容:", p_content)
print("a内容:", a_content)
```

代码运行结果如图 6-11 所示。

h1内容：这是一个示例页面
p内容：这是一个段落。
a内容：链接

图 6-11　获取标签内容代码运行结果

3. 嵌套获取标签内容

HTML 中标签的结构层次并不都是非常简单的，通常包含多层次的嵌套关系，因此我们需要通过嵌套获取标签内部的标签内容。例如，如果我们想获取<a>标签内部的文本，那么我们需要首先找到<a>标签，然后获取它内部的文本内容。

【例 6-10】嵌套获取标签内容使用示例，具体代码如下。

```
from bs4 import BeautifulSoup
html_string = '''
<html>
<head>
    <title>示例页面</title>
</head>
<body>
    <h1 id="title">这是一个示例页面</h1>
    <div class="content">
        <p>这是一个段落。</p>
        <a href="https://example.com">链接</a>
    </div>
</body>
</html>
'''
soup = BeautifulSoup(html_string, 'html.parser')
div_tag = soup.find('div', class_='content')
p_content = div_tag.find('p').text
a_content = div_tag.find('a').text
a_href = div_tag.find('a')['href']
```

```
div_code = div_tag
print("p内容:", p_content)
print("a内容:", a_content)
print("a属性 - href:", a_href)
print("div标签代码:", div_code)
```

代码运行结果如图 6-12 所示。

```
p内容: 这是一个段落。
a内容: 链接
a属性 - href: https://example.com
div标签代码: <div class="content">
<p>这是一个段落。</p>
<a href="https://example.com">链接</a>
</div>
```

图 6-12　嵌套获取标签内容代码运行结果

4．关联获取

在对标签所包含的内容进行获取的时候，不一定可以一步到位获取所需要的内容，经常需要先确定某一个具体的标签，然后根据该标签来关联获取对应的子标签、子孙标签、父标签、兄弟标签。BeautifulSoup 提供了许多方法来查找标签的子标签、子孙标签、父标签和兄弟标签。这些方法如下。

find()和 find_all()：用于查找指定的子标签，find()只返回第一个匹配的子标签，而 find_all()返回所有匹配的子标签。

children：返回所有直接子标签的迭代器。

descendants：返回所有子孙标签的迭代器。

parent：返回直接父标签的迭代器。

parents：返回所有祖先标签的迭代器。

next_sibling 和 previous_sibling：返回下一个和上一个兄弟标签的迭代器。

next_siblings 和 previous_siblings：返回所有后续和前面的兄弟标签的迭代器。

【例 6-11】关联获取使用示例，具体代码如下。

```
from bs4 import BeautifulSoup

html_string = '''
<html>
<head>
    <title>示例页面</title>
</head>
<body>
    <h1 id="title">这是一个示例页面</h1>
    <div class="content">
        <p>这是一个段落。</p>
        <a href="https://example.com">链接</a>
        <span>兄弟标签</span>
    </div>
</body>
```

```
</html>
'''

soup = BeautifulSoup(html_string, 'html.parser')

h1_children = list(soup.h1.children)
print("H1 标签的子标签:", h1_children)

div_descendants = list(soup.div.descendants)
print("Div 标签的子孙标签:", div_descendants)

p_parent = soup.p.parent
print("P 标签的父标签:", p_parent)

a_next_sibling = soup.a.next_sibling
while a_next_sibling and a_next_sibling.name is None:
    a_next_sibling = a_next_sibling.next_sibling

print("A 标签的下一个兄弟标签:", a_next_sibling)
```

运行结果如图 6-13 所示。

```
H1标签的子标签: ['这是一个示例页面']
Div标签的子孙标签: ['\n', <p>这是一个段落。</p>, '这是一个段落。', '\n', <a href="https://example.com">链接</a>, '链接', '\n', <span>兄弟标签</span>, '兄弟标签', '\n']
P标签的父标签: <div class="content">
<p>这是一个段落。</p>
<a href="https://example.com">链接</a>
<span>兄弟标签</span>
</div>
A标签的下一个兄弟标签: <span>兄弟标签</span>
```

图 6-13 关联获取运行结果

5. CSS 选择器获取标签内容

CSS 选择器有助于更精确地定位和提取 HTML 元素，是 Python 爬虫中常用的一种选择器。常用的选择器如下。

（1）标签选择器：选择所有特定标签的元素。

示例：soup.select('p')。

（2）类选择器：选择所有具有特定类的元素。

示例：soup.select('.class')。

（3）ID 选择器：选择具有特定 ID 的元素。

示例：soup.select('#id')。

（4）属性选择器：选择具有特定属性的元素。

示例：soup.select('[attribute]')。

（5）子元素选择器：选择所有指定父元素下的子元素。

示例：soup.select('parent > child')。

（6）后代元素选择器：选择所有指定祖先元素下的后代元素。

示例：soup.select('ancestor descendant')。

（7）伪类选择器：选择特定状态的元素。

示例：伪类选择器在 BeautifulSoup 中不被支持。

（8）组合选择器：将多个选择器组合起来以选择特定元素。

示例：soup.select('selector1, selector2')。

【例 6-12】CSS 选择器使用示例。代码如下。

```python
from bs4 import BeautifulSoup
html_string = '''
<html>
<head>
    <title>示例页面</title>
</head>
<body>
    <div class="container">
        <p>这是第一个段落。</p>
        <p class="content">这是第二个段落。</p>
        <p id="special">这是第三个段落。</p>
        <a href="https://example.com">链接 1</a>
        <a href="https://example2.com" class="link">链接 2</a>
        <div>
            <p>这是父元素 div 下的子元素 p。</p>
        </div>
        <span>
            <a>这是祖先元素 span 下的后代元素 a。</a>
        </span>
    </div>
</body>
</html>
'''
# 使用 BeautifulSoup 解析 HTML
soup = BeautifulSoup(html_string, 'html.parser')

paragraphs = soup.select('p')
print("标签选择器 - 所有段落:")
for p in paragraphs:
    print(p.text)

class_elements = soup.select('.content')
print("\n类选择器 - 具有 content 类的元素:")
for element in class_elements:
    print(element.text)

id_element = soup.select('#special')
print("\nID 选择器 - 具有 special ID 的元素:")
print(id_element[0].text)

attribute_elements = soup.select('[href]')
print("\n属性选择器 - 具有 href 属性的元素:")
for element in attribute_elements:
    print(element.text)
```

```
child_elements = soup.select('.container > p')
print("\n子元素选择器 - 容器内的所有段落:")
for element in child_elements:
    print(element.text)
descendant_elements = soup.select('div span a')
print("\n后代元素选择器 - div内的所有span下的a:")
for element in descendant_elements:
    print(element.text)

combined_elements = soup.select('.link, #special')
print("\n组合选择器 - 具有link类或special ID的元素:")
for element in combined_elements:
    print(element.text)
```

代码运行结果如图 6-14 所示。

标签选择器 - 所有段落:
这是第一个段落。
这是第二个段落。
这是第三个段落。
这是父元素div下的子元素p。

类选择器 - 具有content类的元素:
这是第二个段落。

ID选择器 - 具有special ID的元素:
这是第三个段落。

属性选择器 - 具有href属性的元素:
链接1
链接2

子元素选择器 - 容器内的所有段落:
这是第一个段落。
这是第二个段落。
这是第三个段落。

后代元素选择器 - div内的所有span下的a:
这是祖先元素span下的后代元素a。

组合选择器 - 具有link类或special ID的元素:
这是第三个段落。
链接2

图 6-14　CSS 选择器代码运行结果

6.3　应用实例——电影《热辣滚烫》影评数据爬取

6-1　电影《热辣滚烫》影评数据爬取

【例 6-13】对电影《热辣滚烫》影评数据进行爬取。具体过程如下。

6.3.1　导包

在开始进行爬取操作之前，需要先导入后续所需要的包，方便后续操作。代码如下。

```
import requests
from lxml import etree
import parsel
import csv
```

6.3.2 网页分析

需要爬取的是豆瓣电影网站中电影《热辣滚烫》的影评，首先需要找到电影评论的网页链接。

```
https://movie.douban.com/subject/36081094/reviews
```

然后将这个网页地址放进 URL 中。

```
url='https://movie.douban.com/subject/36081094/reviews'
```

以此作为后续进行爬取的 URL。

首先在选定网页界面点击"更多设置"-"开发人员工具"或者通过键盘上的 F12 键打开开发者工具界面来获取头部信息。图 6-15 显示的是获取 cookie 请求头，图 6-16 显示的是获取 User-Agent 请求头。

图 6-15　获取 cookie 请求头

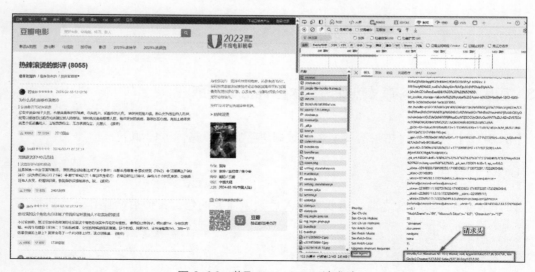

图 6-16　获取 User-Agent 请求头

将这两个头部直接复制到代码中。

```
header={'User-Agent':'Mozilla/5.0 (Windows NT 10.0; Win64; x64) AppleWebKit/537.36
(KHTML, like Gecko) Chrome/124.0.0.0 Safari/537.36 Edg/124.0.0.0',
    'Cookie':'ll="118209";bid=thQ3vqcGAcM;_pk_id.100001.4cf6=07387fe33b334744.17108339
23.;__yadk_uid=JVKyksnxmw4wM0EDzo6EbBJpm2G4trJL;_vwo_uuid_v2=D6680C5CF68E4C9F2E7B53EA1
70E385DE|1106fb6d24eb2b66a586f9656279974f;__utmc=30149280;__utmc=223695111;_ga=GA1.1.2
85965823.1715049941;_ga_KY2XQG4Q00=GS1.1.1715049940.1.0.1715049943.57.0.437368001;FCNE
C=%5B%5B%22AKsRol9vHTmo5qY9UKrbboCWYaXVavxDad_n_HKZ0kPB-BV4uQSMXc3qqfROZH4WmUYOM5Gf8G8
Py2-h0NToc-3-FFE1hxJy00XkDZ_owEix2c8kiqrSImFbVQtuNr8YPThdp6fpbAZx-J_khcMrCC4oRwuDav099
A%3D%3D%22%5D%5D;trc_cookie_storage=taboola%2520global%253Auser-id%3D949ef0e6-1503-420
0-8d7b-5c5b2ed5c48d-tuctd331b87;cto_bundle=Hg-aNV9Vcm1tUG40WTc5UnBTSG5aNmlyJTJGR1VSUmE
4ejdtaTVMVk5VbVhFZdWZXFTZk0lMkJ6MThNVUh6UGMzNEVKeEZWblczYllxWUYzZEZ5RkdtRWclMkZzid1Azd
2Z0TkNBZnRRJJTJGaFM2OGMlMkI5QUddOSk1XdklHUHc0dWRRMSk9sMHZKdlxzx29xbDg4NlZCYk1Sd2d6d6NEI5UVM
zUkV3JTNEJTNE;_pk_ref.100001.4cf6=%5B%22%22%2C%22%2C1715066158%2C%22https%3A%2F%2Fw
ww.bing.com%2F%22%5D;_pk_ses.100001.4cf6=1;ap_v=0,6.0;__utma=30149280.799186038.171083
3923.1715049929.1715066159.3;__utmz=30149280.1715066159.3.3.utmcsr=bing|utmccn=(organi
c)|utmcmd=organic|utmctr=(not%20provided);__utma=223695111.1027219633.1710833923.17150
49929.1715066159.3;__utmb=223695111.0.10.1715066159;__utmz=223695111.1715066159.3.3.ut
mcsr=bing|utmccn=(organic)|utmcmd=organic|utmctr=(not%20provided);__gads=ID=0365c3920f
ce6fb7:T=1715049933:RT=1715067566:S=ALNI_MZ07TJhW602oQsr5CD17VNM-FKLqw;__gpi=UID=00000
e0419863e80:T=1715049933:RT=1715067566:S=ALNI_MZ8x4YvSkEfUe2n7nrB-BKYI8aXGg;__eoi=ID=0
7809e3167002e25:T=1715049933:RT=1715067566:S=AA-AfjaieSXlOCfAg4795iVpMEc5;__utmt=1;
__utmb=30149280.3.10.1715066159'}
```

然后对头部进行封装。

```
res=requests.get(url=url,headers=header,).text
```

6.3.3　评论爬取

首先来到《热辣滚烫》的评论网页页面,进入开发者工具页面查找需要的内容。进入开发者工具页面之后,点击左上角"工具",然后找到需要进行爬取的评论,如图 6-17 所示,评论所对应的代码便会在右侧开发者工具页面显示。

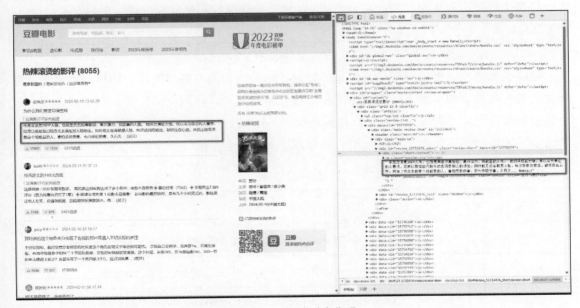

图 6-17　评论对应代码

因为需要爬取大量的评论内容，因此我们要找到每个评论对应的代码之间存在的规律，以此方便后续进行操作。

如图 6-18 所示，可以发现评论都在 div 的 class 里面，这样就可以发现评论对应的代码之间的规律，可以使用 parsel 中的 selector 功能，将整个框架都爬取下来。

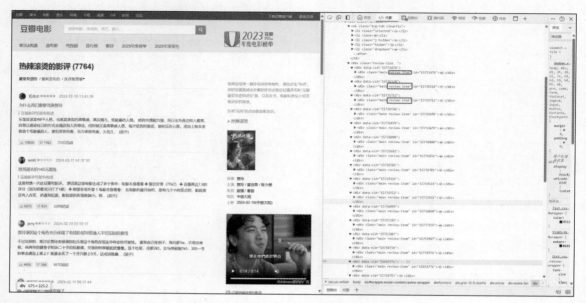

图 6-18　电影评论代码规律

```
selector = parsel.Selector(res.text)
comment_list = selector.css('.review-item')
```

将整个框架爬取下来之后，可以使用 css 语法来获取我们所需要的评论内容。

```
for comment in comment_list:
            content = comment.css('.short-content::text').get().strip()
            csv_writer.writerow([content])
```

完成爬取之后，可以发现只有一页的数据，这是因为没有创建循环。同样，想要建立循环就需要先观察不同页面之间的规律所在。打开影评网页，将网页网址复制保存，并点击下一页复制保存网址，如表 6-1 所示，仅有参数"start"改变。可以以此设置一个循环来爬取，从而实现评论的多页爬取，并将爬取内容保存。

表 6-1　　　　　　　　　　　　　影评网页网址

页面	网址
首页	https://movie.douban.com/subject/36081094/reviews?start=0
第二页	https://movie.douban.com/subject/36081094/reviews?start=20
第三页	https://movie.douban.com/subject/36081094/reviews?start=40

影评爬取完整代码如下。

```
import requests
import parsel
import csv
header = {
    'User-Agent': 'Mozilla/5.0 (Windows NT 10.0; Win64; x64) AppleWebKit/537.36 (KHTML,
like Gecko) Chrome/124.0.0.0 Safari/537.36 Edg/124.0.0.0',
    'Cookie': 'll="118209";bid=thQ3vqcGAcM;_pk_id.100001.4cf6=07387fe33b334744.1710
833923.;__yadk_uid=JVKyksnxmw4wM0EDzo6EbBJpm2G4trJL;_vwo_uuid_v2=D6680C5CF68E4C9F2E7B5
3EA170E385DE|1106fb6d24eb2b66a586f9656279974f;__utmc=30149280;__utmc=223695111;_ga=GA1
.1.285965823.1715049941;_ga_KY2XQG4Q00=GS1.1.1715049940.1.0.1715049943.57.0.437368001;
FCNEC=%5B%5B%22AKsRol9vHTmo5qY9UKrbboCWYaXVavxDad_n_HKZ0kPB-BV4uQSMXc3qqfROZH4WmUYOM5G
f8G8Py2-h0NToc-3-FFE1hxJy00XkDZ_owEix2c8kiqrSImFbVQtuNr8YPThdp6fpbAZx-J_khcMrCC4oRwuDa
v099A%3D%3D%22%5D%5D;trc_cookie_storage=taboola%2520global%253Auser-id%3D949ef0e6-1503
-4200-8d7b-5c5b2ed5c48d-tuctd331b87;cto_bundle=Hg-aNV9Vcm1tUG40WTc5UnBTSG5aNmlyJTJGR1V
SUmE4ejdtaTVMVk5VbVhFZFdZXFTZk0lMkJ6MThNVUh6UGMzNEVKeEZWblczYllIxWUYzZEZ5RkdtRWclMkZid
1Azd2Z0TkNBZnRJJTJGaFM2OGM1MkI5QUddOSk1XdklHUHc0dWdWRSSk9sMHhZKdlkxQ29xbDg4N1ZCYk1Sd2d6d6NEI
5UVMzUkV3JTNERjTNE;_pk_ref.100001.4cf6=%5B%22%22%2C%22%22%2C1715066158%2C%22https%3A%2F
%2Fwww.bing.com%2F%22%5D;_pk_ses.100001.4cf6=1;ap_v=0,6.0;__utma=30149280.799186038.17
10833923.1715049929.1715066159.3;__utmz=30149280.1715066159.3.3.utmcsr=bing|utmccn=(or
ganic)|utmcmd=organic|utmctr=(not%20provided);__utma=223695111.1027219633.1710833923.1
715049929.1715066159.3;__utmb=223695111.0.10.1715066159;__utmz=223695111.1715066159.3.
3.utmcsr=bing|utmccn=(organic)|utmcmd=organic|utmctr=(not%20provided);__gads=ID=0365c3
920fce6fb7:T=1715049933:RT=1715067566:S=ALNI_MZ07TJhW602oQsr5CD17VNM-FKLqw;__gpi=UID=0
0000e0419863e80:T=1715049933:RT=1715067566:S=ALNI_MZ8x4YvSkEfUe2n7nrB-BKYI8aXGg;__eoi=
ID=07809e3167002e25:T=1715049933:RT=1715067566:S=AA-AfjaieSXlOCfAg4795iVpMEc5;__utmt=1;
__utmb=30149280.3.10.1715066159'
}
# 打开 CSV 文件，准备写入数据
with open('电影热辣滚烫_影评.csv', mode='w', encoding='utf-8', newline='') as f:
    csv_writer = csv.writer(f, quotechar='""', quoting=csv.QUOTE_MINIMAL)
csv_writer.writerow(['评论内容'])
    # 循环抓取 10 页评论数据
    for page in range(10):
        url = f"https://movie.douban.com/subject/36081094/reviews?start={page * 20}"
        # 发送请求
        res = requests.get(url, headers=header)
        res.encoding = 'utf-8'  # 设置编码为 utf-8
        # 使用 parsel 解析 HTML
        selector = parsel.Selector(res.text)
        # 获取评论列表
        comment_list = selector.css('.review-item')
        # 循环遍历评论列表，提取评论内容并写入 CSV 文件
        for comment in comment_list:
            # 提取评论内容
            content = comment.css('.short-content::text').get().strip()
            # 写入 CSV 文件
            csv_writer.writerow([content])  # 写入 CSV 文件
print("评论爬取完成并保存到文件：电影热辣滚烫_影评.csv")
# 评论爬取完成并保存到文件：电影热辣滚烫_影评.csv
```

爬取完成后的 CSV 文件内容如图 6-19 所示，将 CSV 文件转换成为 Excel 文件并进行数据清洗，即可对数据进行具体分析。

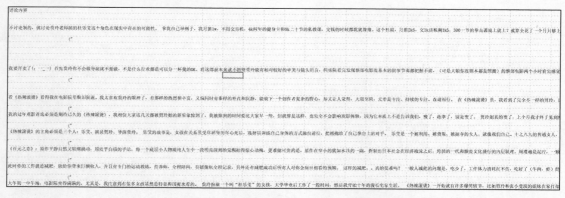

图 6-19　爬取完成后的 CSV 文件内容

本章实训

1. 请利用本章学习的知识爬取百度贴吧（热议榜）的内容，获取包括标题、详情页地址、实时讨论数量以及简介几个方面的具体内容。

2. 请利用本章学习的知识爬取京东中手机类商品的相关信息，包括图片、价格、商品介绍、评论数量。

第 **7** 章 文学作品文本分析

在当今数字化时代，文本分析已经成为研究文学作品、挖掘文本深层含义和揭示作者情感的重要工具。Python 作为一门功能强大的编程语言，有丰富的库和工具，使我们能够轻松地对文学作品进行深入的文本分析和情感分析。通过 Python，我们可以方便地完成文本预处理、分词、关键词提取、词频分析、情感分析等任务，为文学作品的深入研究提供有力支持。本章将带领大家学习如何使用 Python 进行文学作品文本分析。

本章学习目标

1．了解文本分析的基本概念。

2．了解文本分析的主要任务。

3．了解中文文本分析和英文文本分析方法的异同。

4．掌握利用 jieba 分词库分词和 wordcloud 库生成词云图的方法。

5．了解情感分析的基本实现方法。

6．通过应用实例掌握 Python 文本分析方法。

7.1　文本分析概述

文本分析指对文本数据进行结构化、量化和深入分析的过程，通过自然语言处理、机器学习等技术从文本中提取有用的信息和知识。文本分析通常包括以下几个主要方面。

（1）**分词（word segmentatian）**：将一段文本切分成不同的词或短语，是文本分析的第一步，也是进行其他文本处理的基础。

（2）**关键词提取（keyword extraction）**：用于从一段文字中自动提取出最具代表性和重要性的关键词。关键词提取可以帮助用户快速了解一个文档的主题、内容和重点，并在信息检索、文本分类、摘要生成等领域有广泛的应用。

（3）**词频分析（word frequency analysis）**：对文本数据中重要词汇出现的次数进行统计与分析，它是文本挖掘中的一种重要手段。通过词汇的出现频次的变化，可以确定文本中的热点词汇及其变化趋势。

（4）情感分析（sentiment analysis）：识别文本中表达的情感倾向，通常分为正向情感、负向情感或中性情感，可以应用在舆情监控、产品评价等方面。

文本分析就是从海量的文本数据中挖掘出有用的信息和知识，帮助人们更高效地处理和理解文本信息。在不同领域，如商业智能、舆情监控、社交媒体分析等，文本分析都发挥着重要的作用。

7.1.1　文本分析概念

文本分析是利用计算机技术对大规模文本数据集进行深入的分析和处理，旨在通过合适的文本表示方法和特征项选取策略，将文本信息转换为可量化的形式，以便进行进一步的数据挖掘、模式识别或信息检索等任务的过程，是自然语言处理（natural language processing，NLP）技术中不可或缺的一环。

7.1.2　文本分析相关库

1．jieba 库

jieba 库一个由 Python 语言实现的中文分词组件，是目前使用范围最广泛的中文分词库，支持简体中文、繁体中文，并且支持加入自定义词典以提高分词结果的准确率。该组件发音类似于中文短语"结巴"，与分词作用有着相似的意味。jieba 库的安装十分简单，在命令行中执行安装命令 pip install jieba 即可，代码如下。

```
pip install jieba
```

在使用前先引入。

```
import jieba
```

jieba 库的主要函数如表 7-1 所示。

表 7-1　　　　　　　　　　　　jieba 库的主要函数

函数	描述
jieba.cut(s)	精确模式，返回一个可迭代的数据类型
jieba.cut(s,cut_all=True)	全模式，输出文本 s 中所有可能单词
jieba.cut_for_search(s)	搜索引擎模式，适合搜索引擎建立索引的分词结果
jieba.lcut(s)	精确模式，返回一个列表类型
jieba.lcut(s,cut_all=True)	全模式，返回一个列表类型
jieba.lcut_for_search(s)	搜索引擎模式，返回一个列表类型
jieba.add_word(w)	向分词词典中增加新词 w

2．wordcloud 库

wordcloud 库是 Python 中泛用性较广的词云展示第三方库，中文语境和英文语境都可以使用此库生成词云图。安装 wordcloud 库时可以通过在命令行中执行 pip install wordcloud 获取组件。wordcloud 库的功能是将一组给定的词语按照词频转换为一张图片，其中高频词显示的占比较大，从而突出重点词汇。表 7-2 介绍 wordcloud 库的主要函数。

表 7-2 　　　　　　　　　　　　　　　wordcloud 库的主要函数

函数	描述
width()	输出的结果画布宽度，默认值为 400 像素
height()	输出的结果画布高度，默认值为 200 像素
min_font_size()	显示的最小字体大小，默认值为 4 像素
background_color()	设置背景颜色，默认为黑，如 background_color='white'表示背景颜色为白色
font_path()	字体路径，用于设置输出结果字体。例如，font_path='黑体.ttf'
stopwords()	设置屏蔽词，如果为空，则使用内置的 stopwords
generate(text)	根据文本生成词云
generate_from_text()	根据给定的文本生成词云
generate_from_frequencies()	根据给定的词频字典生成词云
fit_words()	根据给定的词频字典生成词云
mask()	设置词云形状，默认形状为矩形

3．SnowNLP 库

SnowNLP 是一个 Python 库，用于中文文本的情感分析、文本分类和关键词提取等自然语言处理任务。它基于概率模型和机器学习算法，具有简单易用的接口和丰富的功能。可以通过 pip 命令安装 SnowNLP 库。打开 Anaconda Prompt，执行下列命令即可完成 SnowNLP 库的安装。

```
pip install snownlp
```

在使用时先使用下面代码引入 SnowNLP。

```
from snownlp import SnowNLP
```

表 7-3 是 SnowNLP 库常用函数功能。

表 7-3 　　　　　　　　　　　　　　SnowNLP 库常用函数功能

函数	功能
words()	分词
pinyin()	转拼音
sentiments()	情感系数
keywords()	关键词提取
summary()	自动文摘
sentences()	分词

使用 SnowNLP 能实现以下主要操作。

（1）分词

使用 SnowNLP 的 words()函数可以对中文文本进行分词，将句子拆分成一个个词语。代码如下。

```
text = '这部电影真的很棒！'
s = SnowNLP(text)
words = s.words
print(words)  # 输出分词结果：['这部', '电影', '真的', '很棒', '！']
```

（2）情感分析

使用 SnowNLP 的 sentiments()函数对文本进行情感分析，该函数返回一个 0～1 之间的情感极性值，值越接近 1 表示情感越积极，值越接近 0 表示情感越消极。代码如下。

```
text = '这部电影真的很棒！'
s = SnowNLP(text)
print(s.sentiments)    # 输出情感值，结果为：0.9838069541900322
```

（3）获取文本关键词

使用 SnowNLP 的 keywords()函数可以获取文本中的关键词列表，代码如下。

```
text = '这部电影真的很棒！'
s = SnowNLP(text)
print(s.keywords(3))  # 输出结果为：['很棒', '电影', '真的']
```

（4）获取文本摘要

使用 SnowNLP 的 summary()函数可以获取文本的摘要，代码如下。

```
text = '这部电影真的很棒！剧情很紧凑，演员表现也很出色。'
s = SnowNLP(text)
print(s.summary(2))    # 输出结果为：['剧情很紧凑', '演员表现也很出色']
```

7.2 文本分析主要任务

文本分析是自然语言处理领域的重要研究方向，通过对文本进行处理和分析，可以从中提取有用的信息。文本分析的主要任务有分词、关键词提取、词频分析和情感分析等。下面对这几个主要任务展开介绍。

7.2.1 分词

分词是将连续的文本序列切分成离散的词或词组的过程，利用分词可以将一句话拆分成一个一个的词或短语。中文由于没有像英文用空格来明确分隔单词，分割方式差异会使短语意义发生变化，从而使中文分词具有一定的难度，分词任务也尤为重要。分词可以为后续的文本处理任务提供基本的单位，如词频统计和情感分析。例如，将中文句子"我爱自然语言处理"分词为"我/爱/自然语言处理"，方便后续处理。

本小节中只介绍中文语境中的分词操作步骤。

1. 精确模式分词

此类模式主要涉及 jieba.cut()函数和 jieba.lcut()函数，可以对中文语句进行精确分词。jieba.cut()函数用于返回一个可迭代的生成器，jieba.lcut()函数则用于将分词结果直接以列表（List）的形式返回。精确模式分词是对中文语句进行文本分析最常用的一类分词模式。

【例 7-1】精确分词模式示例。代码如下。

```
#LT7-1.py
import jieba
text = "我的学院是信息管理学院"
for x in jieba.cut(text):
      print (x)
print(jieba.lcut(text))
```

代码运行结果如图 7-1 所示。

```
我
的
学院
是
信息管理
学院
['我', '的', '学院', '是', '信息管理', '学院']
```

图 7-1　精确模式分词代码运行结果

2．全模式分词

此类模式主要涉及 jieba.cut(, cut_all=True)函数和 jieba.lcut(, cut_all=True)函数，可以对中文语句进行全模式分词。jieba.cut(, cut_all=True)函数用于输出分词文本中所有可能单词，jieba.lcut(, cut_all=True)函数用于输出分词文本中所有可能单词并返回一个列表类型，注意调用函数时逗号后的空格。

【例 7-2】全模式分词示例。代码如下。

```
# LT7-2.py
import jieba
text = "我的学院是信息管理学院"
for x in jieba.cut(text, cut_all=True):
      print (x)
list1=jieba.lcut(text, cut_all=True)
print(list1)
```

代码运行结果如图 7-2 所示。

```
我
的
学院
是
信息
信息管理
管理
管理学
理学
理学院
学院
['我', '的', '学院', '是', '信息', '信息管理', '管理',
'管理学', '理学', '理学院', '学院']
```

图 7-2　全模式分词代码运行结果

121

将图 7-1 与图 7-2 结果对比，可以看出精确模式分词与全模式分词方式存在明显差异。

3．搜索引擎模式分词

此类模式主要涉及 jieba.cut_for_search()函数和 jieba.lcut_for_search()函数，可以对中文语句进行搜索引擎模式分词。搜索引擎模式分词更利于建立索引，并且其分词结果在某些情况下可以提高索引的准确性和效率。jieba.cut_for_search()函数用于在精确模式的基础上对长词进行再次切分并返回一个可迭代的数据类型，jieba.lcut_for_search()函数用于在精确模式的基础上对长词进行再次切分并返回一个列表类型。

【例 7-3】搜索引擎模式分词示例。代码如下。

```
# LT7-3.py
import jieba
text = "我的学院是信息管理学院"
for x in jieba.cut_for_search(text):
    print (x)
list1=jieba.lcut(text, cut_all=True)
print(list1)
```

代码运行结果如图 7-3 所示。

```
我
的
学院
是
信息
管理
理学
学院
管理学
理学院
信息管理学院
['我', '的', '学院', '是', '信息', '信息管理', '信息管理学院',
'管理', '管理学', '理学', '理学院', '学院']
```

图 7-3　搜索引擎模式分词代码运行结果

将图 7-1 与图 7-3 结果对比，以看出精确模式分词与搜索引擎模式分词方式存在明显差异。

4．自定义字典

由于使用场景不同，目标语句中会出现部分专业性名词，开发者可以使用 jieba.add_word()函数将新词添加到分词词典中，也可以指定自定义的词典，以便包含 jieba 词库里没有的词典。

【例 7-4】新增词汇示例。代码如下。

```
# LT7-4.py
import jieba
jieba.add_word("信息管理学院")
text = "我的学院是信息管理学院"
print(jieba.lcut(text))
```

添加新词后的分词结果如图 7-4 所示，进行精确模式分词已将"信息管理学院"视作一个整体，而不是将其分为"信息管理"和"学院"。

['我', '的', '学院', '是', '信息管理学院']

图 7-4　新增词汇分词结果

如果加入的新词较多，可以将 .txt 文件作为自定义词典并调用 jieba.load_userdict() 函数进行分词操作。

7.2.2　关键词提取

关键词提取就是从文本中把与此篇文章最相关的一些词抽取出来，关键词在文本聚类、分类、分析等领域有着重要作用。关键词是最能反映出文本主题或者意思的词语，使用关键词抽取技术可以大量减少阅读整篇文章或者评论的时间成本，快速归纳和总结出文章作者和评论者的核心思想。

词云则是对文本中出现频率较高的关键词予以可视化，与关键词作用类似，过滤掉了大量出现频率低的文本信息，使用户只要看到词云就可以领略文本的主旨。

1．中文关键词提取

TF-IDF 算法常用于进行关键词提取工作，这是一个较为成熟的抽取关键词算法。

使用 jieba 组件可对中文文本进行关键词的提取。抽取关键词算法的质量直接决定了后续步骤的效果，jieba 组件中自带 TF-IDF 接口，以 2024 年春晚评论为例，代码具体使用方法如【例 7-5】所示。

【例 7-5】中文关键词提取示例。代码如下。

```
# LT7-5.py
from jieba import analyse
# 文本来自央视财经微博号
text = '''中央广播电视总台《2024 年春节联欢晚会》已圆满落幕。数据显示，截至 2 月 10 日 2 时，总台春晚全媒体累计触达 142 亿人次，较去年增长 29%。无论电视端还是新媒体端，数据都创下了新纪录。值得注意的是：今年登上春晚的广告品牌更多了，映射出中国经济强劲复苏的图景'''
# topK 表示最大抽取个数，默认为 20 个
# withWeight 表示是否返回关键词权重值，默认值为 False
# allowPOS 表示选择提取词的词性，如动词（v）、名词（n）等
keywords = analyse.extract_tags(text, topK=2, withWeight=True)
print ("关键词：")
for keyword in keywords:
    print("{:<5} weight:{:4.2f}".format(keyword[0], keyword[1]))
```

代码运行结果如图 7-5 所示。

```
关键词：
总台     weight:0.54
春晚     weight:0.48
```

图 7-5　中文关键词提取代码运行结果

2．英文关键词提取

英文文本中往往包含着大量的介词和定冠词，会干扰关键词的提取。因此，对英文关键词的提取操作开始前需要调用 Python 中的 re 库，消除英文文本中的介词与定冠词。使用 TF-IDF 算法时则是需要调用 scikit-learn（又称 sk-learn）组件来实现。与安装 jieba 组件类似，可以通过在命令行中执行 pip install re 和 pip install scikit-learn 获取组件。对英文关键词进行提取的具体操作步骤如下。

（1）利用 re 库去除英文文本里的介词和定冠词等。

（2）将文本数据放入列表中，调用 sk-learn 组件分析文本数据时只能使用列表数据。

（3）计算 TF-IDF 值并获取词汇表。

（4）输出关键词与 TF-IDF 值。

具体代码如【例 7-6】所示。

【例 7-6】英文关键词提取示例。代码如下。

```python
# LT7-6.py
from sklearn.feature_extraction.text import TfidfVectorizer
import re
# 定义文本数据
text2 = '''The 2024 Spring Festival Gala of the Central Radio and Television headquarters
has come to a successful conclusion. Data show that as of 2: 00 on February 10, the total
number of people of the Spring Festival Gala reached 14.2 billion,an increase of 29 percent
over last year. Whether on TV or new media, the data has set a new record. It is worth noting
that more advertising brands have appeared in the Spring Festival Gala this year,reflecting
the picture of China's strong economic recovery.'''
# 使用正则表达式去掉定冠词和介词
text3 = re.sub(r'\b(?:The|the|An|an|A|a|In|in|On|on|Of|of)\b', '', text2)
# 将文本数据放入列表中
corpus = [text3]
# 初始化 TF-IDF 向量化器
tfidf_vectorizer = TfidfVectorizer()
# 计算 TF-IDF 值
tfidf_matrix = tfidf_vectorizer.fit_transform(corpus)
# 获取词汇表
feature_names = tfidf_vectorizer.get_feature_names_out()
# 获取每个文档中排名前二的关键词
for i, doc in enumerate(tfidf_matrix.toarray()):
    print("英文关键词: ")
    top2 = doc.argsort()[-2:][::-1]
    for idx in top2:
        print(f"{feature_names[idx]}: {doc[idx]}")
```

代码运行结果如图 7-6 所示。

```
英文关键词:
gala: 0.30779350562554625
festival: 0.30779350562554625
```

图 7-6　英文关键词提取代码运行结果

7.2.3　词频分析

词频分析是指对文本中各个单词出现的频率进行计算和统计，并对其进行排序。通过词频分析可以了解文本中各个词语的重要程度和使用频率，从而得出文本的主题、情感等信息。通过词云库 wordcloud 进行词云生成，从而实现词频分析。

1．词云制作步骤

使用 wordcloud 生成词云的步骤如下。

（1）读取文件，分词整理。可能会用到字符串相关函数、jieba 库等。

（2）配置对象参数，加载词云文本。创建一个 WordCloud 对象，使用 generate()函数加载文本。

（3）计算词频，输出词云文件。使用 to_file()方法输出文件。或者利用其他库（如 pyplot）展示图像。

2．词云生成方法

使用 wordcloud 库生成词云时，通常有两种方法。

（1）通过 generate()函数生成

对一个英文文本字符串使用 generate()函数前，需先构造一个 wordcloud 库的 WordCould 对象，使用代码 from wordcloud import WordCloud 构造 WordCould 对象。利用属性 width、height 和 background_color 对画布进行设置，然后利用 generate()函数进行词云生成，最后利用 to_file()将生成的词云图输出到所想要的文件夹中。以分析 2024 央视春晚为例，具体代码如【例 7-7】所示。

7-1　使用 generate()
函数生成英文文本词云

【例 7-7】使用 generate()函数生成英文文本词云示例。代码如下。

```
# LT7-7.py
from wordcloud import WordCloud
text2 = '''The 2024 Spring Festival Gala of the Central Radio and Television headquarters
has come to a successful conclusion.Data show that as of 2: 00 on February 10, the total
number of people of the Spring Festival Gala reached 14.2 billion, an increase of 29 percent
over last year. Whether on TV or new media, the data has set a new record. It is worth noting
that more advertising brands have appeared in the Spring Festival Gala this year, reflecting
the picture of China's strong economic recovery.'''
wc = WordCloud(width = 1200, height = 800, background_color='white').generate(text2)
wc.to_file('./wc.png')
```

代码运行结果如图 7-7 所示。

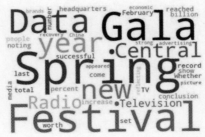

图 7-7　使用 generate()函数生成英文文本词云代码运行结果

对中文文本构建词云图时，需要对文章进行分词，并用空格连接分词的结果，然后使用 wordcloud 生成词云，生成词云步骤与英文文本一致。具体代码如【例 7-8】所示。

【例 7-8】使用 generate()函数生成中文文本词云。代码如下。

7-2　使用 generate()
函数生成中文文本词云

```
# LT7-8.py
import jieba
from wordcloud import WordCloud
text = '''中央广播电视总台《2024 年春节联欢晚会》已圆满落幕。数据显示，截至
2 月 10 日 2 时，总台春晚全媒体累计触达 142 亿人次，较去年增长 29%。无论电视端还是新
媒体端，数据都创下了新纪录。值得注意的是：今年登上春晚的广告品牌更多了，映射出中国
经济强劲复苏的图景'''
cntext = ' '.join(jieba.lcut(text))
wc = WordCloud(width= 1200, height = 800, background_color='white', font_path=
'simkai.ttf'). generate(cntext)
wc.to_file('./wc2.png')
```

代码运行结果如图 7-8 所示。

图 7-8　使用 generate()函数生成中文文本词云代码运行结果

注意生成中文词云图时须利用 font_path 属性对字体进行设置以满足中文字体显示需求。

（2）通过 fit_words()函数生成

除了使用 generate()函数生成词云，同样可以使用 WordCould 对象的 fit_words()函数，利用词频（frequencies，为字典类型）生成词云。以中文文本为例，具体代码如【例 7-9】所示。

【例 7-9】使用 fit_words()函数生成词云。代码如下。

```
# LT7-9.py
import wordcloud
from jieba import analyse
text = '''中央广播电视总台《2024 年春节联欢晚会》已圆满落幕。数据显示，截至 2 月 10 日 2 时，总台春
晚全媒体累计触达 142 亿人次，较去年增长 29%。无论电视端还是新媒体端，数据都创下了新纪录。值得注意的是：今
年登上春晚的广告品牌更多了，映射出中国经济强劲复苏的图景'''
keywords = analyse.extract_tags(text, topK=5, withWeight=True)
cnfreq = {x[0]:x[1] for x in keywords}
cnc= wordcloud.WordCloud(width = 1200, height = 800, background_color='white',font_
path= 'simkai.ttf').fit_words(cnfreq)
cnc.to_file('./wc3.png')
```

代码运行结果如图 7-9 所示。

图 7-9　使用 fit_words()函数生成词云代码运行结果

除去矩形的形式，wordcloud 库支持导入其他形状图案的形式，使生成的词云图案和导入图案一致。如将生成的词云图变为图 7-10 所示的菱形形式，可以利用 Python 中的第三方库 imageio 库实现，具体代码如【例 7-10】所示。

图 7-10　菱形形式

【例 7-10】菱形词云。代码如下。

7-3　菱形词云

```python
# LT7-10.py
import wordcloud
from jieba import analyse
import matplotlib.pyplot as plt
from imageio import imread
mask_pic = imread('./mask.png')
text = '''中央广播电视总台《2024年春节联欢晚会》已圆满落幕。数据显示，截至 2 月 10 日 2 时，总台春晚全媒体累计触达 142 亿人次，较去年增长 29%。无论电视端还是新媒体端，数据都创下了新纪录。值得注意的是：今年登上春晚的广告品牌更多了，映射出中国经济强劲复苏的图景'''
keywords = analyse.extract_tags(text, topK=10, withWeight=True)
# 将关键词生成为字典
cnfreq = {x[0]:x[1] for x in keywords}
cnc= wordcloud.WordCloud(width = 1200, height = 800, background_color='white',
font_path='simkai.ttf',mask= mask_pic).fit_words(cnfreq)
cnc.to_file('./wc4.png')
# 控制台中显示词云图片
plt.imshow(cnc)
plt.axis("off")
plt.show()
```

代码运行结果如图 7-11 所示。

图 7-11　菱形词云代码运行结果

7.2.4　情感分析

情感分析是指通过对给定文本的词性分析，判断该文本是消极的还是积极的过程。当然，在某些特定场景中，也会加入"中性"这个选项。

情感分析的应用场景非常广泛，在购物网站或者微博中，人们会发表评论，谈论商品、事件或人物。商家可以利用情感分析工具知道用户对自己产品的使用体验和评价。情感分析的本质就是根据已知的文字和情感符号，推测文字是正面的还是负面的。处理好情感分析，可以大大提高人们对于事物的理解效率，也可以利用情感分析的结论为其他人或事物服务。例如，不少基金公司利用人们对于某家公司、某个行业、某件事情的看法态度来预测未来股票的涨跌等。

1．中文情感分析

中文情感分析主要利用第三方库 SnowNLP 对用户评论做情感分析。SnowNLP 库的主要原理是通过计算出文本内容的情感分数来表示文本语义的正向与负向。

SnowNLP 是一个功能强大的中文文本处理库，它具有中文分词、词性标注、情感分析、文本分类、关键词提取、TF-IDF 计算、文本相似度计算等功能，如隐马尔科夫模型、朴素贝叶斯模型、TextRank 等算法均在这个库中有对应的应用。在本小节中重点介绍 SnowNLP 库在中文情感分析的应用方法与实现，SnowNLP 库的其他功能在本小节不做详细介绍。安装 SnowNLP 库可以通过在命令行中执行 pip install snownlp。

针对中文文本，往往使用 SnowNLP()、sentiments 函数进行情感得分的计算，其范围为 0~1，越接近 0 表示文本情感越消极，越接近 1 表示文本情感越积极。例如，对"这部电影太棒了，情节紧凑，演员表演出色。"这句话进行情感得分计算，如【例 7-11】所示。

【例 7-11】句子情感计算。代码如下。

```
# LT7-11.py
from snownlp import SnowNLP
```

```
text = "这部电影太棒了，情节紧凑，演员表演出色。"
s = SnowNLP(text)
sentiment = s.sentiments
print(sentiment)
if sentiment > 0.5:
    print('这是一条正面评价。')
else:
    print('这是一条负面评价。')
```

代码运行结果如图 7-12 所示。

0.99998789886255519
这是一条正面评价。

图 7-12　句子情感计算代码运行结果

但是 SnowNLP 库也存在缺陷，由于 SnowNLP 库自带训练集数据是电商网站评论，当面对其他使用场景时，自带模型的情感计算准确率会出现较低的现象，针对这一现象可以利用 SnowNLP 库自带的 sentiment.train()函数对 SnowNLP 库进行训练。

SnowNLP 自定义字典代码如下。

```
from snownlp import sentiment
sentiment.train("消极字典.txt","积极字典.txt")
sentiment.save("sentiment.marshal")
```

上述代码运行后，会在同一个目录下生成文件"sentiment.marshal.3"。由于具体使用场景不同，字典文件需自行准备，文件格式为.txt 格式，代码中"消极字典.txt"表示此处使用自行准备的消极字典文件，"积极字典.txt"表示此处使用自行准备的积极字典文件。训练完成后对项目文件中的"sentiment.marshal.3"文件与 Python 路径里 snownlp 目录中的"sentiment.marshal.3"文件进行替换，此文件路径一般为"…\Lib\site-packages\snownlp\sentiment\sentiment.marshal.3"，进行文件替换时注意保留原始文件。替换后使用 SnowNLP()、sentiments 函数进行情感得分计算时所用字典即替换后的字典。

2．英文情感分析

英文文本和中文文本的差异性决定了调用 Python 第三方库的差异性，前文主要介绍了对中文语句进行情感分析的第三方库 SnowNLP 库，Python 中同样包含支持英文情感分析的第三方库，如 TextBlob 和 NLTK（natural language toolkit）。本小节将重点介绍 NLTK 库的使用方法。

NLTK 库是一个广泛使用的自然语言处理库，它提供了用于文本处理的各种工具和算法，用于情感分析。安装 NLTK 库时，在命令行执行 pip install NLTK 即可将 NLTK 库安装至本地环境中。

调用 NLTK 库时，需使用代码 import nltk 导入 NLTK 库，并使用如下代码。

```
from nltk.sentiment.vader import SentimentIntensityAnalyzer
```

从 NLTK 库的情感分析模块中导入情感强度分析器。NLTK 库支持下载 VADER 模型，VADER 是一种用于情感分析的规则型模型，专门对社交媒体文本进行情感分析，可以快速、高效地进行情感分析。利用 NLTK 库内置的下载函数 nltk.download()可实现对 VADER 模型的下载，具体的下载代码为 nltk.download('vader_lexicon')。

使用 NLTK 库对英文文本进行情感分析时，情感得分区间为[-1,1]与 SnowNLP 库存在差异，越接近-1 表示文本情感越消极，越接近 1 表示文本情感越积极。具体使用 NLTK 库实现英文情感分析的代码如【例 7-12】所示。

【例 7-12】英文情感分析。代码如下。

```
# LT7-12.py
import nltk
nltk.data.path.append('E:\\nltk_data') #假设 nltk_data 文件夹在 E 盘，nltk_data 数据包见本
书配套材料第 7 章
from nltk.sentiment.vader import SentimentIntensityAnalyzer
sia = SentimentIntensityAnalyzer()
text = "I love this place!"
scores = sia.polarity_scores(text)
print(scores)   #情感得分区间为[-1,1]
```

代码运行结果如图 7-13 所示。

```
{'neg': 0.0, 'neu': 0.308, 'pos': 0.692, 'compound': 0.6696}
```

图 7-13   英文情感分析代码运行结果

其中，neg 表示文本中负面情感的比重，负面情感的比重为 0；neu 代表文本中中性情感的比重，中性情感的比重为 0.308。pos 代表文本中正面情感的比重，正面情感的比重为 0.692。compound 代表文本的综合情感得分，综合了文本中的所有情感信息。由此可见，本例子最后得到文本"I love this place!"的情感得分为 0.6696。如果想单独得到综合得分，修改最后一行代码为 print(scores['compound'])即可实现。

7.3   应用实例——《围城》人物出场次数统计及情感分析

《围城》作为钱钟书先生的代表作，不仅是中国现代文学史上的一座丰碑，也是世界文学宝库中一颗璀璨的明珠。这部作品以其独特的讽刺艺术、深邃的社会洞察力和精湛的语言技巧，深刻描绘了抗战初期中国知识分子的生活状态与精神困境，被广大读者及评论家誉为"新儒林外史"，意指其在继承并发展了中国古典讽刺小说传统的同时，又被赋予了新的时代内涵。本节以小说《围城》内容为例，介绍该小说人物出场次数统计和情感分析。

7.3.1   数据准备

要对《围城》进行中文文本分析，首先需要准备文件资料：《围城》小说的中文.txt 版本，编码格式为 UTF-8。假定现在已经下载得到《围城》小说的电子版"围城.txt"，如图 7-14 所示。

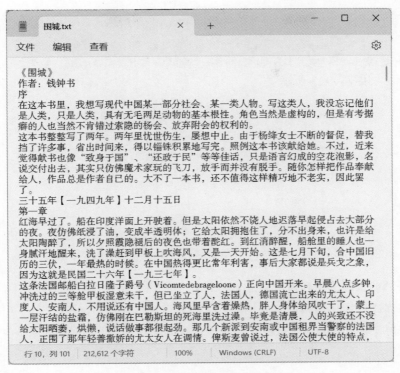

图 7-14 围城.txt 文件

7.3.2 人物出场次数统计

《围城》小说中主要介绍了方鸿渐、孙柔嘉、苏文纨和唐晓芙等抗战初期知识分子的群像。那么在整篇小说中，哪些人物出场次数多呢？下面对整篇小说中使用词汇的频率进行统计，并找出使用频率前 5 的词。相应的代码如【例 7-13】所示。

【例 7-13】《围城》人物出场次数前 5 词频统计。代码如下。

```
# LT7-13.py
import jieba
f = open("./围城.txt","r",encoding='utf-8')
txt=f.read()
f.close()
words = jieba.lcut(txt)
# 统计词频
counts = {}
for word in words:
    if len(word) == 1:   # 排除单个字符的分词结果
        continue
    else:
        counts[word] = counts.get(word,0) + 1
# 按词频排序
items = list(counts.items())
items.sort(key=lambda x:x[1], reverse=True)
# 输出结果
```

7-4 《围城》人物
出场次数前 5 词频
统计

131

```
print ("词汇          次数(次)")
for i in range(5):
    word, count = items[i]
    print ("{0:<10}{1:>5}".format(word, count))
```

代码运行结果如图 7-15 所示。

词汇	次数（次）
鸿渐	1042
自己	566
辛楣	562
没有	547
小姐	537

图 7-15 《围城》出场次数前 5 词频统计代码运行结果

观察图 7-15，发现需要排除一些无关词汇，如"自己""没有""小姐"等。为此，对代码做进一步优化，优化后代码如【例 7-14】所示。

【例 7-14】《围城》出场次数前 5 词频统计（去除停用词）代码如下。

```
# LT7-14.py
import jieba
# 增加一个停用词的集合 unwords
unwords = {"自己","没有","小姐"}
f = open("./围城.txt","r",encoding='utf-8')
txt=f.read()
f.close()
words = jieba.lcut(txt)
# 统计词频
counts = {}
for word in words:
    if len(word) == 1:  # 排除单个字符的分词结果
        continue
    else:
        counts[word] = counts.get(word,0) + 1
# 删除停用词
for word in unwords:
    del(counts[word])

# 按词频排序
items = list(counts.items())
items.sort(key=lambda x:x[1], reverse=True)
# 输出结果
print ("词汇          次数(次)")
for i in range(5):
    word, count = items[i]
    print ("{0:<10}{1:>5}".format(word, count))
```

代码运行结果如图 7-16 所示。

词汇	次数（次）
鸿渐	1042
辛楣	562
什么	361
知道	354
孙小姐	314

图 7-16　去除停用词后代码运行结果

发现结果图中仍有一些无关词汇，可以增加一个停用词文件"停用词.txt"，用户可以将所有停用词存放在该文件中，减少编写代码的工作量。对"一义多词"现象进行代码上的优化，同时也可以增加一个词频文件"围城词频.txt"，用于存放得到的词频信息。修改后的代码如【例 7-15】所示。

【例 7-15】《围城》出场次数前 5 词频统计（二次去除停用词）。代码如下。

```python
# LT7-15.py
import jieba
# 增加一个停用词的集合 unwords
unwords = [line.strip() for line in open("./停用词.txt", 'r', encoding='utf-8').readlines()]
f = open("./围城.txt","r",encoding='utf-8')
txt=f.read()
f.close()
words = jieba.lcut(txt)
# 统计词频
counts = {}
for word in words:
    if len(word) == 1:  # 排除单个字符的分词结果
        continue
    elif word == "方鸿渐"or word == "方先生":
        rword = "鸿渐"
    elif word == "孙柔嘉" or word == "孙小姐":
        rword = "柔嘉"

    else:
        counts[word] = counts.get(word,0) + 1
# 删除停用词
for word in unwords:
    del(counts[word])

# 按词频排序
items = list(counts.items())
items.sort(key=lambda x:x[1], reverse=True)
# 输出结果
print ("词汇        次数(次)")
f = open("./围城词频.txt", "w")
for i in range(5):
    word, count = items[i]
    f.write("{}\t{}\n".format(word, count))
    print ("{0:<10}{1:>5}".format(word, count))
f.close()
```

133

代码运行结果如图 7-17 所示，停用词目录如图 7-18 所示。

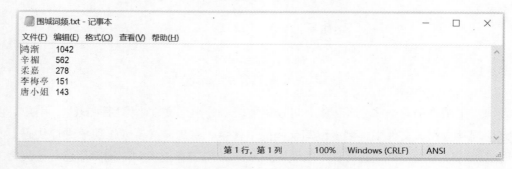

图 7-17 《围城》词频统计

图 7-18 停用词目录

7.3.3 主要人物词云制作

本小节利用对出场频率前 8 位人物生成的词频文件"围城词频 2.txt"实现用词云将《围城》中的高频词呈现出来，请自行参照 7.3.2 小节步骤生成"围城词频 2.txt"文件。程序代码如【例 7-16】所示。

【例 7-16】利用词频文件制作词云。代码如下。

7-5 利用词频文件
制作词云

```
# LT7-16.py
import wordcloud
f = open("./围城词频2.txt",'r')
text = f.read()
f.close()
wcloud=wordcloud.WordCloud(font_path = r'C:\Windows\Fonts\simhei.ttf',
                    background_color = "white",width=1200,
                    max_words = 500,
                    height = 860, margin = 2).generate(text)
# .generate(text)指根据词频文件生成词云
wcloud.to_file("./围城词云.png")    # 保存图片
```

代码运行结果如图 7-19 所示。

图 7-19 《围城》人物词云

【例 7-17】增加图片元素制作各种形状的词云。代码如下。

```
# LT7-17.py
import matplotlib.pyplot as plt  # 注意，此处需要用到绘图库 Matplotlib
import wordcloud
from imageio import imread
mk_pic = imread("./star.png")  # 读入形状图片
f = open("./围城词频 2.txt",'r')
text = f.read()
f.close()
wcloud=wordcloud.WordCloud(font_path = r'C:\Windows\Fonts\simhei.ttf',
                    background_color = "white",width=1200,
                    max_words = 500,
                    mask = mk_pic, # mask 参数设置词云形状
                    height = 860, margin = 2).generate(text)


wcloud.to_file("./围城词云图 star.png")  # 保存图片


#  显示词云图片
plt.imshow(wcloud)
plt.axis('off')
plt.show()
```

运行以上代码，将得到星形词云，如图 7-20 所示。

图 7-20 星形词云

7.3.4 情感分析

利用 SnowNLP 库可以同时对多个语句进行情感分析。抽取小说《围城》中的 10 句对话节选作为情感分析样本放于 Excel 文件中，样本内容如图 7-21 所示。对 Excel 文件内容进行

情感分析时，需要用到 pandas 库。安装 pandas 库时可以打开 Anaconda Prompt，通过在命令行中执行 pip install pandas 完成库的安装。

A
对话
方先生有兴也不妨来凑热闹，欢迎得很
我最喜欢小孩子
经过了那家伙的脏手
你再胡说，我从此不理你
好像我什么地方开罪了他似的，把我恨得形诸词色
谁不舒服？你？我？我很好呀
我该早来告诉你的，你说话真通达
唐小姐，你表姐真不识抬举，好好请她女子参政，她倒笑我故作奇论
我感激得很方先生肯为我表演口才
当了面假正经，转背就挖苦得人家体无完肤，真缺德

图 7-21　情感分析样本内容

调用 pandas 库和 SnowNLP 库分别对这 10 句话进行情感分析，分别计算这 10 句话的情感得分的具体代码如【例 7-18】所示。

【例 7-18】《围城》部分句子情感分析。代码如下。

7-6 《围城》部分句子情感分析

```python
# LT7-18.py
from snownlp import SnowNLP
import pandas as pd
# 读取 Excel 文件
df = pd.read_excel("./围城对话.xlsx")
sentiment_points = [SnowNLP(text).sentiments for text in df.iloc[:, 0]]
df['情感得分'] = sentiment_points

# 根据情感得分判断积极或消极
classification = ["积极" if score >= 0.5 else "消极" for score in sentiment_points]
# 将分类添加到 DataFrame
df['分类'] = classification
df.to_excel(r"./围城对话情感分析.xlsx")
```

代码运行结果如图 7-22 所示。

A	B 对话	C 情感得分	D 分类
0	方先生有兴也不妨来凑热闹，欢迎得很	0.662168942	积极
1	我最喜欢小孩子	0.754433782	积极
2	经过了那家伙的脏手	0.473767218	消极
3	你再胡说，我从此不理你	0.387681406	消极
4	好像我什么地方开罪了他似的，把我恨得形诸词色	0.140076365	消极
5	谁不舒服？你？我？我很好呀	0.792590072	积极
6	我该早来告诉你的，你说话真通达	0.552436556	积极
7	唐小姐，你表姐真不识抬举，好好请她女子参政，她倒笑我故作奇论	0.079893879	消极
8	我感激得很方先生肯为我表演口才	0.867407927	积极
9	当了面假正经，转背就挖苦得人家体无完肤，真缺德	0.361763717	消极

图 7-22　《围城》部分句子情感分析结果

可以看出，利用 SnowNLP 库能很好地计算出这 10 句话的情感得分，并正确地分类这 10 句话的情感倾向。

本章实训

1．请登录豆瓣网下载电影《热辣滚烫》电影评论，生成评论文本"热辣滚烫.txt"文件。

2．对文本文件"热辣滚烫.txt"进行文本分析，要求能完成以下处理步骤。

（1）对该文本进行分词。

（2）对该文本进行词频分析。

（3）找出该文本的主要关键词，并制作相应词云图。

（4）对该文本进行情感分析，要求能计算情感得分，并能给出其情感倾向。

3．《三国演义》是家喻户晓的古典四大名著之一，请结合本章的所学知识，利用文学作品文本分析技术深入探索这部经典文学作品，感受《三国演义》的魅力。

（1）请下载《三国演义》的 TXT 文件。

（2）根据 TXT 文件，制作高频词云图，统计出场次数最多的 20 个人物。

（3）用一张《三国演义》人物图片，制作（2）中的高频词云图。

（4）选取某一段，对其进行情感分析，判断该段的情感倾向。

第**8**章　股票行情分析

股票行情分析作为金融市场分析的重要组成部分，对投资者来说具有极高的实用价值。股票行情分析常常要用到财经数据接口，这是一种用于获取和交换金融数据、经济数据的编程接口或工具，可用于访问实时财经数据和历史财经数据，如股票价格、汇率、利率、财务报表、宏观经济指标等。本章以当前国内财经领域具有广泛影响力、面向 Python 并且免费的财经数据接口 Tushare 为例，介绍利用 Tushare 平台获取各类财经数据的基本方法，然后利用 Tushare 平台内建的接口函数进行沪深股票数据分析，进而用 Python 程序实现股票行情分析。

本章学习目标

1．了解 Tushare 财经数据接口的基本使用过程。

2．熟悉 Tushare 平台相关接口函数的调用。

3．掌握利用 Tushare 平台进行基本沪深股票数据分析的方法。

4．了解如何利用 Python 程序进行股票行情数据可视化。

5．了解利用 Python 进行股票基本面分析的方法。

8.1　财经数据接口简介

财经数据接口通常由金融数据提供商、经济研究机构或交易平台提供，可以通过编程方式访问，以满足各种金融分析、投资决策、风险管理和研究需求。

8.1.1　Tushare 简介

Tushare 是一个免费、开源的 Python 财经数据接口包，主要实现对股票等金融数据进行从数据采集、清洗、加工到数据存储的过程，能够为金融分析人员提供时效性强、整洁和多样、便于分析的数据，在数据收集方面为他们极大地减少工作量，使他们能更加专注于策略和模型的研究与实现。

考虑到 pandas 包在金融量化分析中体现出的优势，Tushare 返回的绝大部分数据格式都是 pandas 的 DataFrame 类型，非常便于用 pandas/NumPy/Matplotlib 进行数据分析和可视化。

Tushare 平台是一个功能强大的金融数据服务平台，它通过整合互联网上的各类数据资源，为用户提供全面、深入的数据分析服务。无论是对宏观经济趋势的研究还是对个股的投资分析，Tushare 都能提供有力的支持和帮助。而其灵活的数据存储方式则进一步保证了数据的可靠性和可用性。

图 8-1 展示了 Tushare 平台的三个主要部分：Internet、Tushare core 和 Storage。

Internet：这部分包括上交所、新浪、腾讯财经、凤凰财经和深交所等实体。这些实体提供的数据是 Tushare 分析的基础。

Tushare core：包括历史数据、实时数据、分类数据、基本面、宏观经济、网络舆情、新闻事件、分笔数据等。这些数据涵盖了从宏观经济到微观个股的各种信息，为量化分析提供了丰富的数据资源。

Storage：这部分展示了 Tushare 存储数据的格式和位置。具体来说，数据以 CSV/HDF5 格式存储在 Excel/JSON 文件中，同时还有 DataBase/NoSQL 作为额外的存储选项。这些存储方式确保了数据的高效管理和快速检索。

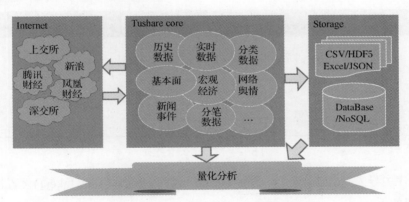

图 8-1 Tushare 平台功能概览

使用 Tushare 平台的 Python 开发者需要在本机安装 Tushare 包。在 Anaconda Prompt 命令行操作界面执行以下命令即可完成安装。

```
pip install tushare
```

安装成功后方可利用 Tushare 包的内建函数获取平台提供的财经数据。绝大部分 Tushare 内建函数返回的数据都是 pandas 的 DataFrame 类型，所以非常方便与 NumPy、pandas 和 Matplotlib 等库结合，完成各种数据处理、分析和可视化任务。

8.1.2　Tushare 版本

Tushare 平台提供了基本版（org 版）和专业版（pro 版）两个不同的版本。其中 org 版的数据主要来自网络，稳定性和可靠性缺乏保障。pro 版的数据通过社区的采集和整理存入数据库并经过质量控制后提供给用户，具有较高质量和较好的稳定性。pro 版的数据进一步增多，目前已包含股票、基金、期货、债券、外汇、行业大数据等，同时包括数字货币行情等区块链数据全数据品类的金融大数据。

1．org 版的使用

尽管 org 版存在稳定性较差和缺乏维护等问题，但它作为 Tushare 的基本版本，提供了十分便利的财经数据获取方式。只要本机安装了 Tushare 包，就可以无须注册直接利用 Tushare 的内建函数获取 org 版的财经数据。需要注意的是，org 版的一些接口已不再被维护，或者已经失效，遇到无效或存在问题的接口，可以尝试在 pro 版中查找替代接口。

2．pro 版的使用

使用 pro 版接口需要在 pro 版的官网进行注册，并在程序中设置用户凭证信息后才能正常获取数据。具体操作包括以下 5 个步骤。

（1）注册 Tushare 平台账户。

（2）使用注册的账号和密码登录平台，点击页面右上角头像进入个人主页，并切换到"接口 TOKEN"选项卡，此处可以点击眼睛图标查看个人的接口 TOKEN 凭证码，或者直接点击"复制"图标将接口 TOKEN 凭证码复制到剪贴板，如图 8-2 所示。

图 8-2　接口 TOKEN 界面

（3）在程序中导入 Tushare 包，并利用 Tushare 包的内建函数 set_token()设置接口 TOKEN 凭证码，代码如下。

```
import tushare as ts
ts.set_token('efe*****************************************************5')
```

其中 set_token()函数参数中的字符串为第（2）步中复制的接口 TOKEN 凭证码。值得注意的是，第一次调用 set_token()函数后，其在本机通常是长期有效的。这意味着本机后续其他程序可以无须再次调用 set_token()函数，除非系统提示凭证码失效，才需要按照上述方法再次获取并重新设置。

（4）使用 pro_api()函数初始化得到 pro 版接口对象，代码如下。

```
pro = ts.pro_api()
```

（5）完成上述步骤后，即可调用 pro 版接口的一系列函数来获取相应的数据。

pro 版接口数据尽管免费，但也并不意味着可以没有任何限制地使用。为了避免部分用户低门槛、无限制、恶意调取数据，保证大多数用户调取数据的稳定性，同时为了 Tushare 平台自身的可持续发展，pro 版接口引入了积分制度，即只有具备一定积分级别的用户才能调取相应的 API。积分只是作为一个分级门槛，并不消耗积分。用户通过注册和修改个人资料可以轻易获得 120 积分，目前足以访问日线行情、首次公开发行（IPO）新股列表、全国电影剧本备案数据以及贷款市场报价利率（LPR）、伦敦银行同业拆借利率（LIBOR）、香港银行同业拆借利率（HIBOR）等数据。

8.1.3　其他财经数据接口

除 Tushare 之外，还有其他一些常见的财经数据接口（如 AKShare、BaoStock、pytdx、lixinger 等），以及一些量化研究平台（如聚宽、点宽等）和财经数据库（如万得 WIND、国泰安 CSMAR 等）也提供了利用 Python 访问和获取财经数据的接口，读者可以根据需要进一步了解。

8.2　沪深股票数据分析

Tushare 平台通过简单的接口调用可以方便地获得包括实时行情数据、历史行情数据、新股发行数据、股票基础信息数据、基本面数据不同类别的财经数据。相应的数据以 DataFrame 格式类型返回，使用 NumPy、pandas 和 Matplotlib 可以方便地进行进一步的分析。

8.2.1　股票实时行情数据分析

利用 Tushare org 版中的 ts.get_today_all()函数可以一次性获取当前交易所有股票的实时行情数据（如果是节假日，则为上一交易日数据）。代码如下。

```
import tushare as ts
df_realtime=ts.get_today_all()
df_realtime.head()
```

运行结果如图 8-3 所示。

```
    code   name  changepercent  ...     pb        mktcap          nmc
0  873833  美心翼申        7.355   ...  1.275   80548.080000  28682.132652
1  873806   云星宇        0.498   ...  2.356  242995.226936  61362.256696
2  873726  卓兆点胶       -1.786   ...  5.653  180569.941200  38371.115200
3  873706  铁拓机械        0.476   ...  2.609   97579.938720  22395.104160
4  873703  广厦环能       -0.212   ...  2.136  217627.000000  59373.400000

[5 rows x 15 columns]
```

图 8-3　获取当前交易部分股票的行情信息

注：code 表示代码，name 表示名称，changepercent 表示涨跌幅，pb 表示市净率，

mktcap 表示总市值，nmc 表示流通市值

（1）当前跌幅最大的 10 只股票。代码如下。

```
fall10=df_realtime['changepercent'].sort_values().head(10).index
df_realtime.loc[fall10,['code','name','changepercent','trade','settlement','turnoverratio']]
```

运行结果如图 8-4 所示。

```
        code   name    changepercent  trade  settlement  turnoverratio
3390   300495  *ST美尚     -17.143      0.29     0.35        9.89861
3442   300443  金雷股份    -10.619     17.76    19.87        8.11478
1107   603657  春光科技    -10.023     15.80    17.56        1.93528
4391   002466  天齐锂业     -9.991     40.63    45.14        0.70807
2306   600246  万通发展     -9.974      6.95     7.72        1.04247
3054   300845  捷安高科     -9.969     17.25    19.16       30.65360
2524   301559  中集环科     -9.812     15.35    17.02       12.45350
2284   600277  亿利洁能     -9.524      1.90     2.10        3.09293
883    605108  同庆楼       -9.274     27.88    30.73        3.54651
5229   000550  江铃汽车     -9.245     26.70    29.42        4.13579
```

图 8-4　当前跌幅最大的 10 只股票

注：trade 表示现价，settlement 表示昨日收盘价，turnoverratio 表示换手率

（2）当前涨幅最大的 10 只股票。代码如下。

```
rise10=df_realtime['changepercent'].sort_values().tail(10).index
df_realtime.loc[rise10,['code','name','changepercent','trade','settlement','turnov
erratio']]
```

运行结果如图 8-5 所示。

```
        code   name   changepercent  trade  settlement  turnoverratio
3055   300844  山水比德     20.000    26.10    21.75       29.97487
3034   300865  大宏立       20.000    15.12    12.60        4.73557
2558   301486  致尚科技     20.000    53.40    44.50       27.35678
2693   301248  杰创智能     20.016    15.17    12.64       11.69375
2954   300950  德固特       20.017    13.91    11.59        3.33380
3056   300843  胜蓝股份     20.022    21.70    18.08        7.52076
2931   300975  商络电子     20.042    11.38     9.48       14.18910
3811   300050  世纪鼎利     20.063     3.83     3.19       13.13975
3243   300647  超频三       20.104     4.60     3.83        5.38628
3580   300292  吴通控股     20.134     3.58     2.98       10.72960
```

图 8-5　当前涨幅最大的 10 只股票

8.2.2　股票历史行情数据分析

8-1　股票历史行情数据分析

Tushare pro 版提供了 daily()、weekly() 和 monthly() 这 3 个函数分别用于获取股票日线、周线和月线等历史行情数据。daily() 函数的参数说明如表 8-1 所示。

表 8-1　daily() 函数参数说明

参数	说明
ts_code	股票代码，9 位，支持多只股票同时提取，用逗号分隔（SZ 代表深圳证券交易所，SH 代表上海证券交易所）
start_date	开始日期，格式为 YYYY-MM-DD
end_date	结束日期，格式为 YYYY-MM-DD

使用 daily() 函数获取股票代码为"000001.SZ"的日线行情数据，代码如下。

```
import tushare as ts
import pandas as pd
token = ' ----------------'          # 在单引号内设置你的个人 token，见配套材料第 8 章 "tk.csv"
ts.set_token(token)
pro = ts.pro_api()
df = pro.daily(ts_code='000001.SZ', start_date='20230101', end_date='20240331')
#获取平安银行 2023 年 1 月 1 日至 2024 年 3 月 31 日的日线数据
df.set_index('trade_date',inplace=True)              # 设置时间为索引
df.index = pd.DatetimeIndex(df.index)                # 索引转化为标准时间序列格式
print(df.head(5))                                    # 输出前 5 条数据
```

运行结果如图 8-6 所示。

```
                ts_code  open   high  ...  pct_chg        vol        amount
trade_date                            ...
2024-03-29  000001.SZ  10.45  10.57  ...   0.2860   872758.98   917332.316
2024-03-28  000001.SZ  10.51  10.57  ...  -0.3799  1302188.92  1362980.388
2024-03-27  000001.SZ  10.56  10.63  ...  -0.6604  1274135.99  1347397.150
2024-03-26  000001.SZ  10.45  10.66  ...   1.9231  1740021.46  1835376.191
2024-03-25  000001.SZ  10.35  10.49  ...   0.3861   953202.21   993304.120

[5 rows x 10 columns]
```

图 8-6　股票代码为"000001.SZ"的前 5 条信息

注：ts_code 表示股票代码，open 表示开盘价，high 表示最高价，pct_chg 表示涨跌幅，

vol 表示成交量，amount 表示成交金额

绘制 2023 年 1 月 1 日到 2024 年 3 月 31 日期间的每日收盘价变化趋势图，代码如下。

```
import matplotlib.pyplot as plt
df['close'].plot()              # 绘制每日收盘价变化趋势图
plt.ylabel('收盘价（元）')       # 获取当前的 y 轴标签并添加单位
plt.xlabel('交易日期')           # 获取当前的 x 轴标签
plt.show()                      # 显示图表
```

代码运行结果如图 8-7 所示。

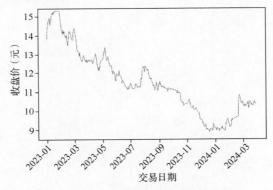

图 8-7　每日收盘价变化趋势图

绘制每日价格变动时序图，代码如下。

```
df['change'].plot().axhline(y=0,color='red')   # 绘制每日价格变动时序图
plt.xlabel('交易日期')# 获取当前的 x 轴标签
plt.show()# 显示图表
```

代码运行结果如图 8-8 所示。

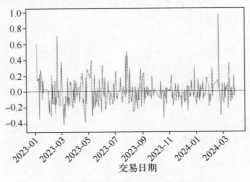

图 8-8　每日价格变动时序图

分别计算 5 日移动平均线和 20 日移动平均线（MA5 和 MA20），代码如下。

```
df['ma5'] = df.close.rolling(5).mean()      # 计算 5 日移动平均线
df['ma20'] = df.close.rolling(20).mean()    # 计算 20 日移动平均线
df[['close','ma5','ma20']].plot()
plt.ylabel('(元)')        # 添加当前的 y 轴单位
plt.xlabel('交易日期')    # 获取当前的 x 轴标签
plt.show()               # 显示图表
```

代码运行结果如图 8-9 所示。

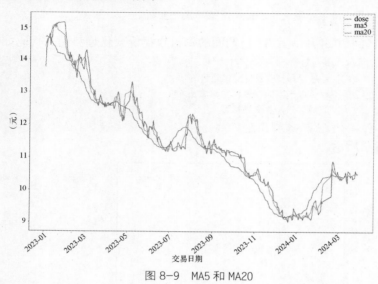

图 8-9（彩色）

图 8-9　MA5 和 MA20

8.2.3　新股发行数据分析

8-2　新股发行数据
分析

利用 Tushare org 版的 new_stocks()函数可以获取新股发行和上市的时间
列表，包括发行数量、网上发行数量、发行价格、中签率等信息。利用 pro
版提供的 new_share()函数也能获取指定时间范围内的新股发行数据。这里介
绍如何利用 pro 版 new_share()函数进行新股发行数据分析。该函数包括两个输入参数 start_date
和 end_date，可以分别指定网上发行开始日期和结束日期。代码如下。

```
pro.new_share()  # 获取新股发行数据（单次最多 2000 条）
```

代码运行结果如图 8-10 所示。

```
        ts_code sub_code  name ipo_date ...     pe limit_amount funds ballot
0     301539.SZ   301539  宏鑫科技  20240401 ...  25.00         1.05  3.937   0.02
1     688691.SH   787691  灿芯股份  20240329 ...  23.14         0.75  5.958   0.04
2     872931.BJ   889900  无锡鼎邦  20240327 ...  14.58       118.75  1.782   0.08
3     301587.SZ   301587  中瑞股份  20240325 ...  18.79         0.85  8.004   0.03
4     001389.SZ   001389  广合科技  20240322 ...  26.28         1.10  7.373   0.04
...         ...      ...   ...       ... ...    ...          ...    ...    ...
1995  603348.SH   732348  文灿股份  20180416 ...  22.99         2.20  8.393   0.04
1996  603733.SH   732733  仙鹤股份  20180409 ...  22.98         1.80  8.426   0.05
1997  603773.SH   732773  沃格光电  20180404 ...  15.68         0.90  7.892   0.03
1998  603876.SH   732876  鼎胜新材  20180404 ...  22.98         1.90  8.801   0.05
1999  300743.SZ   300743  天地数码  20180404 ...  22.99         1.65  2.425   0.01

[2000 rows x 12 columns]
```

图 8-10　新股发行数据

获取 2023 年截至当前（作者完稿时）发行的新股，代码如下。

```
df_new2023=pro.new_share(start_date='20230101')  # 2023 年截至当前发行的新股
df_new2023
```

运行结果如图 8-11 所示。

```
      ts_code  sub_code   name  ipo_date  ...      pe  limit_amount  funds  ballot
0    301539.SZ   301539   宏鑫科技  20240401  ...   25.00          1.05  3.937    0.02
1    688691.SH   787691   灿芯股份  20240329  ...   23.14          0.75  5.958    0.04
2    872931.BJ   889900   无锡鼎邦  20240327  ...   14.58        118.75  1.782    0.08
3    301587.SZ   301587   中瑞股份  20240325  ...   18.79          0.85  8.004    0.03
4    001389.SZ   001389   广合科技  20240322  ...   26.28          1.10  7.373    0.04
..        ...      ...    ...       ...   ...     ...           ...    ...     ...
342  688435.SH   787435   英方软件  20230110  ...  118.63          0.50  8.098    0.04
343  603173.SH   732173   福斯达   20230110  ...   22.99          1.60  7.460    0.04
344  688485.SH   787485   九州一轨  20230109  ...   40.65          0.95  6.564    0.04
345  873152.BJ   889677   天宏锂电  20230106  ...   15.59         90.37  1.313    1.53
346  839371.BJ   889918   欧福蛋业  20230105  ...   24.09        213.75  1.294    0.44

[347 rows x 12 columns]
```

图 8-11　2023 年截至当前发行的新股

获取 2023 年发行量最大的 10 只新股，代码如下。

```
df_new2023.sort_values(by='amount',ascending=False).iloc[:10,:6]
```

运行结果如图 8-12 所示。

```
       ts_code  sub_code   name   ipo_date  issue_date      amount
305  688469.SH   787469   芯联集成  20230426    20230510    194580.0
2    001391.SZ   001391   国货航   20241219        None    132118.0
330  001286.SZ   001286   陕西能源  20230329    20230410     75000.0
106  301526.SZ   301526   国际复材  20231215    20231226     70000.0
349  600925.SH   730925   苏能股份  20230317    20230329     68889.0
107  601096.SH   780096   宏盛华源  20231213    20231222     66879.0
268  688472.SH   787472   阿特斯   20230531    20230609     62222.0
310  688249.SH   787249   晶合集成  20230420    20230505     50153.0
336  601061.SH   780061   中信金属  20230328    20230410     50115.0
200  688347.SH   787347   华虹公司  20230725    20230807     40775.0
```

图 8-12　2023 年发行量最大的 10 只新股

获取 2023 年中签率最高的 10 只新股，代码如下。

```
df_new2023.sort_values(by='ballot').iloc[-10:,[0,1,2,3,4,11]]
```

运行结果如图 8-13 所示。

```
       ts_code  sub_code   name   ipo_date  issue_date  ballot
287  839792.BJ   889210   东和新材  20230315    20230330    3.62
258  831304.BJ   889804   迪尔化工  20230406    20230418    3.92
337  832802.BJ   889802   保丽洁   20230116    20230206    4.15
128  834058.BJ   889000   华洋赛车  20230731    20230810    4.55
339  430425.BJ   889098   乐创技术  20230112    20230130    5.25
260  830896.BJ   889896   旺成科技  20230404    20230419    5.54
266  873593.BJ   889593   鼎智科技  20230329    20230413    7.05
182  832175.BJ   889789   东方碳素  20230615    20230630    8.05
250  871694.BJ   889618   中裕科技  20230411    20230424   12.11
261  836208.BJ   889208   青矩技术  20230330    20230629   18.48
```

图 8-13　2023 年中签率最高的 10 只新股

绘制中签率分布直方图，代码如下。

```
import matplotlib.pyplot as plt
plt.hist(df_new2023.ballot,bins=10,range=(0,0.2),rwidth=0.8)
```

运行结果如图 8-14 所示。

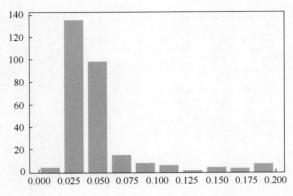

图 8-14　中签率分布直方图

8.2.4　沪深股市行业分析

利用 pro 版接口获取上市公司基本信息，并保存到本地作为备份，如果读者 Tushare 积分权限不够，可跳过本步，直接在下一步读取本书提供的 CSV 文件。代码如下。

8-3　沪深股市行业分析

```
pro = ts.pro_api()
df_company = pro.stock_company(exchange='SZSE', fields='ts_code, chairman, reg_
capital, setup_date, province, employees, business_scope')
df_company.to_csv('company_info.csv', index_col=0)
print(df_company)
```

运行结果如图 8-15 所示。

```
         ts_code   ...  employees
0       301052.SZ  ...      284.0
1       301259.SZ  ...      287.0
2       301283.SZ  ...      386.0
3       301117.SZ  ...      233.0
4       003012.SZ  ...     8367.0
...           ...  ...        ...
2984    003816.SZ  ...    19038.0
2985    300573.SZ  ...     1763.0
2986    002779.SZ  ...      681.0
2987    301578.SZ  ...     1265.0
2988    300469.SZ  ...      803.0

[2989 rows x 7 columns]
```

图 8-15　上市公司基本信息

查看上市公司基本信息详情，代码如下。

```
df_company=pd.read_csv('company_info.csv', index_col=0)
print(df_company.info())
```

运行结果如图 8-16 所示。

```
<class 'pandas.core.frame.DataFrame'>
Int64Index: 2989 entries, 0 to 2988
Data columns (total 7 columns):
 #   Column          Non-Null Count  Dtype
---  ------          --------------  -----
 0   ts_code         2989 non-null   object
 1   chairman        2989 non-null   object
 2   reg_capital     2989 non-null   float64
 3   setup_date      2989 non-null   int64
 4   province        2989 non-null   object
 5   business_scope  2989 non-null   object
 6   employees       2986 non-null   float64
dtypes: float64(2), int64(1), object(4)
memory usage: 186.8+ KB
```

图 8-16　上市公司基本信息详情

统计上市公司数量排名前 10 的省（自治区、直辖市），代码如下。

```
print(df_company.province.value_counts().iloc[:10])
```

运行结果如图 8-17 所示。

```
广东      705
浙江      357
江苏      337
北京      229
山东      176
四川      114
上海      114
福建      105
湖南       98
安徽       95
Name: province, dtype: int64
```

图 8-17　上市公司数量排名前 10 的省（自治区、直辖市）

对上市公司数量排名前 20 的省（自治区、直辖市）进行可视化分析，代码如下。

```
plt.rcParams['font.family']='SimHei'  # 设置中文字体为黑体
province_counts = df_company.province.value_counts()[:20]
# 绘制饼图
plt.figure(figsize=(10, 8))  # 设置图形大小
plt.pie(province_counts, labels=province_counts.index, autopct='%1.1f%%', startangle=140)
plt.title('上市公司数量排名前 20 的省（自治区、直辖市）分布', fontsize=16)# 设置中文标签和标题
```

运行结果如图 8-18 所示。

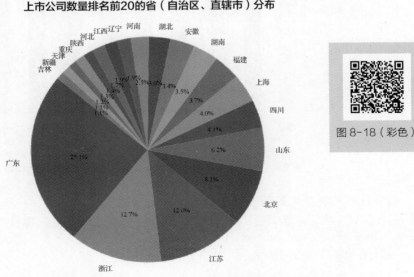

图 8-18（彩色）

图 8-18　上市公司数量排名前 20 省（自治区、直辖市）的饼图

统计平均注册资本（reg_capital）排名前 5 的省（自治区、直辖市），代码如下。

```
cap_prov=df_company.groupby(['province'])['reg_capital'].mean()
print(cap_prov.head(5))
```

运行结果如图 8-19 所示。

```
province
上海      83293.479207
云南     108172.305542
内蒙古    140534.732192
北京     112021.412497
吉林     117436.595981
Name: reg_capital, dtype: float64
```

图 8-19 平均注册资本排名前 5 的省（自治区、直辖市）

统计平均注册资本最高的 10 个省（自治区、直辖市），代码如下。

```
cap_prov.sort_values(ascending=False).head(10)
cap_prov.sort_values(ascending=False).head(10).plot(kind='bar')
```

运行结果如图 8-20 所示。

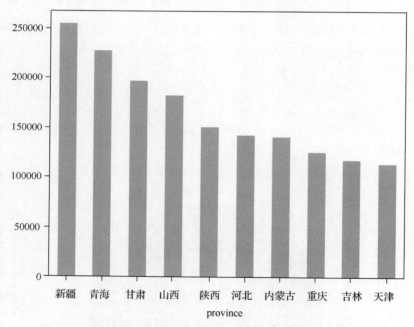

图 8-20 平均注册资本最高的 10 个省（自治区、直辖市）

统计江西省员工人数最多的 10 家公司，代码如下。

```
print(df_company[df_company.province=='江西'].sort_values(by='employees',ascending=
False). head(10))
```

运行结果如图 8-21 所示。

```
            ts_code  ...  employees
1210      002460.SZ  ...    14481.0
391       000550.SZ  ...    11619.0
1027      002036.SZ  ...     8903.0
1434      002157.SZ  ...     7985.0
598       000404.SZ  ...     7797.0
51        300787.SZ  ...     6180.0
473       000650.SZ  ...     6062.0
2505      300748.SZ  ...     5461.0
688       000789.SZ  ...     5279.0
256       002068.SZ  ...     4333.0

[10 rows x 7 columns]
```

图 8-21　江西省员工人数最多的 10 家公司

8.3　应用实例——选股投资决策分析

8-4　选股投资决策
分析

选股分析是投资者在投资过程中不可或缺的一部分。市场环境和行业趋势在不断变化，选股分析可以帮助投资者及时捕捉这些变化，并据此调整自己的投资策略。通过选股分析，投资者可以深入了解公司的基本状况、行业地位以及未来发展潜力，有助于投资者发现被市场低估的公司，这些公司可能具有更好的增长前景和更强的盈利能力。通过持续跟踪和分析，投资者可以更好地适应市场变化，把握投资机会。

本节介绍一种基于数据分析的选股投资决策过程。投资者先从众多财经网站获取有关股票的文章，从文章中统计词频，查看热度最高的股票，最后将这只股票的近期行情可视化。

注意，本节例题代码中涉及的第三方库要升级到最新版本。特别注意，本应用实例不做具体投资决策分析，投资有风险。本节仅从示例的角度介绍如何用 Python 语言实现选股这一过程。

8.3.1　Selenium 环境配置

Selenium 是一个 Web 自动化测试工具，主要用于模拟和控制浏览器操作，支持多种编程语言，尤其是 Python。利用它，开发者可以编写自动化脚本，以模拟用户在浏览器上的各种行为，如点击、滚动、输入等，并检查网页内容和元素的属性。Selenium 支持多种操作系统（如 Windows、Linux、macOS）和浏览器（如 Chrome、Firefox、Edge 等），为开发者提供了丰富的测试环境选择。在使用 Selenium 之前，我们需要配置其使用环境，主要步骤如下。

（1）首先需要使用 Anaconda Prompt 控制台安装第三方库。

```
pip install selenium
```

（2）本节以谷歌浏览器为例实现 Web 自动化操作，安装准备好浏览器。

（3）浏览器下载完成后需要下载对应版本的浏览器驱动程序，首先查看浏览器版本号。详细操作如图 8-22 所示，可以看到浏览器版本号为 124。

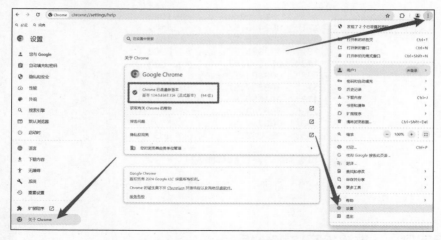

图 8-22　浏览器版本号

　　谷歌浏览器驱动的下载网址为 https://googlechromelabs.github.io/chrome-for-testing/。点击该链接，在打开的网页中找到 Stable 版本，点击"Stable"，即可得到图 8-23 所示的下载列表。找对图中框中的链接，复制该链接到浏览器地址栏中并按回车键，即可完成下载，得到浏览器驱动程序的压缩包。最后将下载好的驱动程序解压移动到 Anaconda3/Scripts 目录当中，即可完成 Selenium 的环境配置，如图 8-24 所示。

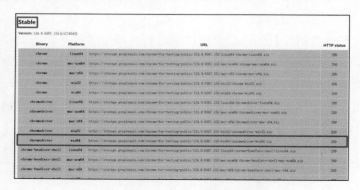

图 8-23　下载浏览器驱动程序

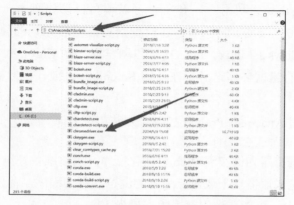

图 8-24　添加浏览器驱动程序的 Scripts 目录

8.3.2 Selenium 实现 Web 自动化

以雪球官网为例，本节使用 Selenium 第三方库模拟用户对雪球官网进行数据爬取，结合第 6 章数据爬取技术分析当下热门话题讨论的股票。

【例 8-1】通过对财经网站雪球官网进行数据爬取，获取网友讨论的股票信息，统计出词频最高的股票，也就是当前热度最高的股票，再对该股票基本面信息进行数据可视化，以此达到选股投资分析的目的。

【例 8-1-a】获取网页并保存，代码如下。

```python
# 导入相关包，注意提前用 Anaconda Prompt 安装需要的包
from selenium import webdriver
import os
import time
from bs4 import BeautifulSoup
import requests
from wordcloud import WordCloud
import matplotlib.pyplot as plt
import pandas as pd
import tushare as ts
import mplfinance as mpf
from cycler import cycler
dirname = '第 8 章'              # 新建一个文件夹，存放整个项目取得的数据和结果
if not os.path.exists(dirname):
    os.mkdir(dirname)
wd = webdriver.Chrome()          # 实例化一个浏览器，此时桌面将弹出一个浏览器窗口
wd.maximize_window()             # 窗口最大化操作
wd.implicitly_wait(5)            # 等待 5 秒，以便于浏览器响应之后再下达命令
time.sleep(2)                    # 停止两秒
wd.get('https://xueqiu.com/k?q=股票')    # 进入雪球官网，搜索关键字"股票"，此时页面跳转到雪球官网
time.sleep(3)                    # 防止网速过慢，浏览器加载过慢，停留 3 秒
for _ in range(10):             # 模拟滚轮往下滚动 10 个屏幕，目的是加载网页数据
    wd.execute_script('window.scrollTo(0,document.body.scrollHeight)')
    time.sleep(2)
html = wd.page_source            # 获取加载完毕的网页源码，并保存到新建文件中
wd.quit()                        # 关闭浏览器
with open('第 8 章/page_resources.html', 'w', encoding='utf-8') as df:
    df.write(html)               # 保存收集的网页源码
```

8.3.3 BeautifulSoup 实现网页解析

保存好足够的网页信息后，可以得到许多关键字里面有"股票"的股评文章，这些文章的详细内容并没有完全保存在我们收集的网页源码当中，而是以网页链接的形式存在。因此，为了获取文章的详细信息，需要进一步访问每一篇文章的链接并将详细的文本内容保存下来。接下来我们将使用 BeautifulSoup 库解析获取源码当中的文章链接，并保存下来。

【例 8-1-b】获取股评文章链接，代码如下。

```
url_list = []                                  # 新建列表，用于存放链接
html = open('第8章/page_resources.html', encoding='utf-8')       # 加载网页源码
soup = BeautifulSoup(html, 'lxml')        # 实例化一个 soup 对象，用于网页解析
div_list = soup.find_all('div', class_='timeline__item__content timeline__item__
content--longtext')                                        # 定位文章链接
for div in div_list:
    href = 'https://xueqiu.com' + div.a['href']  # 从网页源码中找到链接，并拼接成完整的文章
访问链接
    if 'S' in href:  # 由于含 S 的文章链接是指向股票走势的链接而非股评，因此舍弃
        continue
    else:
        url_list.append(href)                           # 将拼接好的链接添加到列表
data = pd.DataFrame(url_list)
data.to_excel('./股评文章链接.xlsx')               # 保存获取的链接
```

本次一共获取 89 篇文章的链接，表明我们使用 Selenium 一共获取了 89 篇文章。

8.3.4　Requests 库和 BeautifulSoup 库实现文章关键字提取

Selenium 库的强大之处在于其可以很好地模拟人为操作而不容易受到反爬机制的影响，但其缺点在于访问速度较慢，因为浏览器客户端对数据的响应速度是比较慢的。而 Requests 库则可以避开浏览器响应时间，直接对数据进行获取，因此具有较高的数据爬取效率。两者通常用于复杂的任务当中，相辅相成。接下来我们将使用 Requests 对 89 篇文章逐一访问，并使用 BeautifulSoup 解析文章内容中的股票文本，便于统计词频信息。

【例 8-1-c】提取股评文章关键字，代码如下。

```
url_list = pd.read_excel('./股评文章链接.xlsx',index_col=0).values
header = {
'User-Agent': ' Mozilla/5.0 (Windows NT 10.0; Win64; x64) AppleWebKit/537.36 (KHTML,
like Gecko) Chrome/124.0.0.0 Safari/537.36 '
}
# 若是爬虫发起请求则会禁止其访问。加上浏览器 User-Agent 发起请求则可解决问题，本例题主要使用 Google
浏览器，其他类型浏览器的 UA 则可以通过百度搜索获取
session = requests.Session()                        # 创建一个 session 对象
session.get('https://xueqiu.com/', headers=header)
# cookie 代理，反爬机制，使用 cookie 代理操作，获取当前请求携带的参数 cookie，用于后续爬虫访问
i = 1
words = []                                    # 将获取的文本内容存放到一个列表中
for url in url_list:
    html = session.get(url[0], headers=header).text  # 逐一访问链接，获取网页源码
    soup = BeautifulSoup(html, 'lxml')               # 实例化 soup 对象，用于解析文本
    for a in soup.find_all('a', class_='xq_stock'):  # 寻找文本内容对应的标签，股票文本存
放在<'a', class='xq_stock'>的标签中
        words.append(a.text)                    # 将文本内容拼接到 page 字符串对象中
    print(i, '爬取完毕！！！')                      # 网页爬取完毕标识
    i = i + 1
    time.sleep(0.5)                   # 防止爬虫频繁请求网址，每次获取完毕后停留 0.5 秒
words = pd.DataFrame(words)
```

```
words.to_csv('./所有股票.csv')
```

8.3.5 wordcloud 统计词频

【例 8-1-d】使用 pandas 统计词频，并使用 wordcloud 显示词云。代码如下。

```
    df = pd.read_csv('./所有股票.csv', index_col=0)
word_dict = df.value_counts('0').to_dict()
    print(word_dict)
    wc = WordCloud(font_path='simkai.ttf', background_color='white', width=500,
height=400)  # 楷体，指定中文字体
wc.generate_from_frequencies(word_dict).to_file('./w.png')
    plt.imshow(wc)
    plt.axis('off')
```

运行结果如图 8-25 所示。从结果图中可以看到"片仔癀"股票是当前雪球官网讨论最多的股票。

图 8-25 词云图

8.3.6 mplfinance 可视化

目前十分常见的股票行情走势图为 K 线图。利用 Python 的 mplfinance 库可以实现股票行情 K 线图的绘制。基于 Tushare 财经数据接口获取股票行情数据并利用 mplfinance 库进行可视化的主要流程可以分为如下 4 步。

（1）利用 Tushare pro 版接口的 daily()函数获取指定代码的股票历史行情数据。

（2）对照 mplfinance 的列名、索引等要求对数据进行整理，mplfinance 要求 DataFrame 包括开盘价（open）、最高价（high）、最低价（low）、收盘价（close）、成交量（volume），并以交易日期作为索引。

（3）对绘图的文本标注、颜色、样式、均线等参数进行设置。

（4）调用 mplfinance 库的 plot()函数完成 K 线图的绘制。

根据上述步骤，下面的程序代码展示了热门股票"片仔癀"（600436.SH）自 2022 年 1 月 1 日至 2024 年 3 月 31 日期间价格波动的 K 线图绘制。

【例 8-1-e】绘制热门股票 K 线图，代码如下。

```
pro = ts.pro_api()
df = pro.daily(ts_code='600436.SH ', start_date='20220101', end_date='20240331')
df = df[['trade_date','ts_code','open', 'close', 'high', 'low', 'vol']]  # 花式索引取
得目标列
df['trade_date'] = pd.DatetimeIndex(df['trade_date'].astype('string'))
df.set_index('trade_date',inplace=True)
df.sort_index(inplace=True)                    # 设置时间序列索引并重排时间顺序
code='600436.SH'

# 计算布林带
df['ma20'] = df['close'].rolling(20).mean()
df['up'] = df['ma20'] + 2 * df['close'].rolling(20).std()   # 计算阻力线和压力线
df['down'] = df['ma20'] - 2 * df['close'].rolling(20).std()
df.rename(columns={'vol':'volume'}, inplace=True) # 根据需要修改成交量一列的列名
path = '第 8 章/' + code + '.csv'           # 构建存放数据路径
df.to_csv(path)                           # 保存处理后的数据
# 绘图参数设置
df = pd.read_csv(path,index_col=0,parse_dates=[0])

# 文本标注参数
kwargs=dict(type='candle',mav=(5,20),
            volume=True,title='{}股票 K 线图'.format(code),
            ylabel='价格(元)',ylabel_lower='成交量(股)',
            figratio=(3,2),figscale=2,datetime_format='%Y-%m-%d')
# 颜色参数
colors=mpf.make_marketcolors(up='red',down='green',
                          edge='i',wick='i', volume='i',inherit=True)
# 样式字体设置
style=mpf.make_mpf_style(gridaxis='both',gridstyle='-.',
                    y_on_right=False,marketcolors=colors,
                    rc={'font.family':'SimHei','font.size':18})
# 均线颜色
plt.rcParams['axes.prop_cycle']=cycler(color=['blue','orange','green'])
# 均线线宽
plt.rcParams['lines.linewidth']=0.5

# 绘制图形
bolling = mpf.make_addplot(df[['up', 'down']])
mpf.plot(df,
        **kwargs,
        style=style,
        addplot=bolling,
        show_nontrading=False,
        savefig='./第 8 章/{}股票 K 线图.jpg'.format(code)) # 绘制并保存图形
plt.show()
```

运行结果如图 8-26 所示。

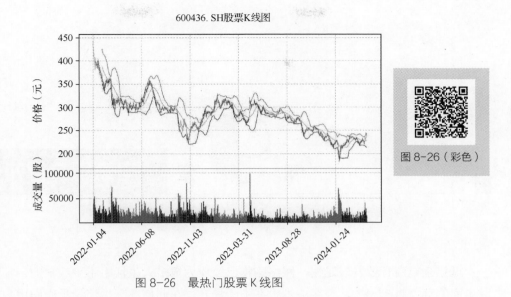

图 8-26　最热门股票 K 线图

本章实训

1. 结合本章应用实例，选取某一金融网站，从该网站获取股民讨论最多的 5 只热门股票，并对该 5 只股票的基本面信息进行可视化。

2. 结合本章应用实例，选取某一电影评论网站，从该网站中获取网民讨论最多的热门电影，并对该电影基本信息进行可视化。

第 **9** 章　电商用户行为分析

近年来电商行业发展迅速，网络购物已经成为很多人生活中不可或缺的一部分，与此同时电商的竞争越来越大，获客成本也在不断攀升。在此情况下由流量思维向用户思维转变是必要的，我们需要对用户数据进行分析来为企业经营提供决策。本章通过相关指标对用户行为进行分析，探索用户购买的规律，挖掘可能存在的问题，并提出相关建议，实现更加精细和精准的运营，让业务获得更好的增长。本章主要介绍如何使用 Python 进行电商用户行为分析，实现对电商用户行为数据进行有效的挖掘和分析。

本章学习目标

1. 了解电商用户行为分析的基本概念。
2. 了解电商用户行为分析的主要任务。
3. 掌握电商用户行为分析的方法。
4. 熟悉 Python 电商用户行为分析的应用。

9.1　电商用户行为分析概述

电商用户行为分析是一个综合性的过程，旨在通过分析用户在电商平台上的行为数据，了解用户的购物习惯、偏好和需求，从而为电商平台提供精准营销、个性化推荐和优化运营策略的依据。这一过程不仅涉及对用户行为数据的收集、整理和分析，还包括根据分析结果制定和调整营销策略、产品设计和用户体验优化等方面。

9.1.1　电商用户行为分析主要内容

（1）访客类型与转化率：新访问客户的转化率通常较高，可能是因为新访问者处于购买消费品的阶段，对消费品存在好奇和兴趣。而老访问者可能已经购买过产品，产品的使用周期可能比较长，短时间内再次购买的概率不大。

（2）浏览器类型、月份、节假日、操作系统与购买转化率：浏览器类型、月份、节假日以及操作系统不同，用户的购买转化率有所不同。例如，在访问量较高的浏览器中，购买转化率与访问量大致呈负相关关系；在非节假日期间，购买转化率通常较高，因为消费者购物行为更加理性和有目标导向。

（3）用户偏好与个性化：基于用户偏好数据构建个性化推荐系统，利用推荐算法为用户提供定制化的产品推荐和购物体验。个性化营销策略根据用户偏好数据制定，通过定向广告、促销活动等手段提高用户转化率和购物满意度。

（4）用户反馈与满意度：用户反馈是电商平台改进和优化服务的重要依据，用户满意度是评价电商平台用户忠诚度和口碑的重要指标。提高用户满意度有助于提高用户复购率、提升品牌形象和促进业务增长。

（5）购买预测：通过对电商用户行为数据进行购买预测，可以识别潜在购买用户，并进行运营干预，提高购买转化率。

电商用户行为分析面临的挑战包括数据量大以及数据复杂性和实时性要求高等。为了有效应对这些挑战，电商平台需要采用高效的数据存储、处理和分析技术，同时确保用户数据的安全性和隐私保护。通过深入挖掘和分析用户行为数据，电商平台可以更好地理解用户需求，优化产品和服务，提高市场竞争力。

9.1.2　电商用户行为分析目标

1．用户行为分析
用户行为分析包括用户行为数据的整体概况（**PV**、**UV**、复购率、跳失率等）分析以及用户转化漏斗分析等。

2．时间维度分析
时间维度分析主要包括用户在哪些时间段活跃，具体包括用户行为时段分析以及用户量时段分析等。

3．商品分析
商品分析主要分析用户对哪些商品、类目感兴趣，其中包括热门商品分析及热门商品类目分析等。

9.1.3　电商用户行为分析主要函数

电商用户行为分析主要使用 pandas 库、Matplotlib 绘图库以及 datetime 时间库等，其具体使用方法在前文均有介绍。

接下来对电商用户行为分析时使用频率较高的具体函数进行介绍，可根据实际需求选择所调用的函数。电商用户行为分析主要函数如表 9-1 所示。

表 9-1　　　　　　　　　　　　　　电商用户行为分析主要函数

函数	描述
fromtimestamp()	该函数将时间戳转换为日期对象
nunique()	用于计算指定列中不同值的数量

续表

函数	描述
unique()	计算不同值的数量，对于重复出现的值，只计算一次
value_counts()	计算重复值的数量
groupby()	根据一个或多个键对数据进行分组，然后对每个分组进行各种聚合操作
reset_index()	处理 groupby()方法调用后的数据，可以将数据表中的索引还原为普通列并重新变为默认的整型索引

9.2 电商用户行为分析数据预处理

本节主要介绍电商用户行为分析中的数据预处理部分，这为后续的数据分析打下基础。

9.2.1 数据集概述

1. 数据来源

数据来源阿里云天池的 UserBehavior 数据集，该数据集是阿里巴巴提供的淘宝用户行为数据集，用于隐式反馈推荐问题的研究。

数据集包含 2017 年 11 月 25 日至 2017 年 12 月 3 日之间，约一百万随机用户的所有行为（行为包括点击、购买、加购、收藏）。数据集的每一行表示一条用户行为，由用户 ID、商品 ID、商品类目 ID、行为类型和时间戳组成，并以逗号分隔。关于数据集中每一列的详细描述如表 9-2 所示。

表 9-2 　　　　　　　　　　　　　　　数据集描述

列名称	说明
用户 ID	整数类型，序列化后的用户 ID
商品 ID	整数类型，序列化后的商品 ID
商品类目 ID	整数类型，序列化后的商品所属类目 ID
行为类型	字符串，枚举类型，包括'pv'、'buy'、'cart'、'fav'
时间戳	行为发生的时间

2. 用户行为类型描述

数据集中用户行为类型共有 4 种，具体描述如表 9-3 所示。

表 9-3 　　　　　　　　　　　　　　　用户行为类型描述

行为类型	说明
pv	商品详情页 pv，等价于点击
buy	商品购买
cart	将商品加入购物车
fav	收藏商品

9.2.2 导入数据

（1）导入 pandas 包、Matplotlib 绘图包并设置中文字体显示和负号显示。

```
import pandas as pd
import matplotlib.pyplot as plt
plt.rcParams['font.sans-serif'] = 'SimHei'   # 设置字体为 SimHei 显示中文
plt.rcParams['axes.unicode_minus'] = False   # 解决保存图像时负号"-"显示为方块的问题
```

（2）UserBehavior 数据集是.csv 格式的，故采用 pandas 库中 read_csv()函数读取数据集数据，由于该数据集较大，在导入之前对数据集做了删减处理，删减后的数据集包括 1048574 条数据。

```
data=pd.read_csv('UserBehavior.csv',header=None)
print(data.head())
```

代码运行结果如图 9-1 所示。

```
   0    1        2        3          4
0  1  2268318  2520377  pv  1511544070
1  1  2333346  2520771  pv  1511561733
2  1  2576651   149192  pv  1511572885
3  1  3830808  4181361  pv  1511593493
4  1  4365585  2520377  pv  1511596146
```

图 9-1 数据读取

（3）UserBehavior 数据集行和列的索引都是系统自动生成的，为便于数据分析，对数据集列名进行修改。用户 ID 为'user_id'，商品 ID 为'goods_id'，商品类目 ID 为'category_id'，用户行为类型为'behaviour'，时间戳为'timestamp'。

```
#修改数据集列名
data.columns = ['user_id','goods_id','category_id','behaviour','timestamp']
print(data.head())
```

代码运行结果如图 9-2 所示。

```
   user_id  goods_id  category_id behaviour   timestamp
0        1   2268318      2520377        pv  1511544070
1        1   2333346      2520771        pv  1511561733
2        1   2576651       149192        pv  1511572885
3        1   3830808      4181361        pv  1511593493
4        1   4365585      2520377        pv  1511596146
```

图 9-2 修改数据集列名后的数据表

9.2.3 数据表时间处理

（1）UserBehavior 数据集的时间列是时间戳格式，因此需要将其更改成时间格式数据列，才能方便后期数据分析。采用 datatime 库中的 fromtimestamp()函数对时间戳列进行处理。

```
from datetime import datetime
timestamp=data["timestamp"]
```

```
    data["timestamp"]=[datetime.fromtimestamp(ts).strftime("%Y-%m-%d %H %M %S.%f") for ts
in timestamp]
    print(data.head())
```

代码运行结果如图 9-3 所示。

```
     user_id  goods_id  category_id  behaviour                         timestamp
0          1   2268318      2520377         pv    2017-11-25 01 21 10.000000
1          1   2333346      2520771         pv    2017-11-25 06 15 33.000000
2          1   2576651       149192         pv    2017-11-25 09 21 25.000000
3          1   3830808      4181361         pv    2017-11-25 15 04 53.000000
4          1   4365585      2520377         pv    2017-11-25 15 49 06.000000
```

图 9-3　更改时间戳列后的数据表

（2）将时间戳列再进行切分，提取出"Date"列和"Hour"列，并将"Date"列转换为日期格式，将"Hour"列转换成整数型格式。

```
    data["Date"]=data["timestamp"].apply(lambda x: x.split(" ")[0])
    data["Hour"]=data["timestamp"].apply(lambda x: x.split(" ")[1])
    data["Date"]=pd.to_datetime(data["Date"])
    data["Hour"]=data["Hour"].astype("int32")
    print(data.head())
```

代码运行结果如图 9-4 所示。

```
     user_id  goods_id  category_id  ...                    timestamp        Date  Hour
0          1   2268318      2520377  ...  2017-11-25 01 21 10.000000  2017-11-25     1
1          1   2333346      2520771  ...  2017-11-25 06 15 33.000000  2017-11-25     6
2          1   2576651       149192  ...  2017-11-25 09 21 25.000000  2017-11-25     9
3          1   3830808      4181361  ...  2017-11-25 15 04 53.000000  2017-11-25    15
4          1   4365585      2520377  ...  2017-11-25 15 49 06.000000  2017-11-25    15
```

图 9-4　提取"Date"列和"Hour"列后的数据表

（3）整理数据，将时间戳列去除，保留"Date"列和"Hour"列。

```
    data=data.iloc[:,[0,1,2,3,5,6]]
    print(data.head())
```

代码运行结果如图 9-5 所示。

```
     user_id  goods_id  category_id  behaviour        Date  Hour
0          1   2268318      2520377         pv  2017-11-25     1
1          1   2333346      2520771         pv  2017-11-25     6
2          1   2576651       149192         pv  2017-11-25     9
3          1   3830808      4181361         pv  2017-11-25    15
4          1   4365585      2520377         pv  2017-11-25    15
```

图 9-5　删除时间戳列后的数据表

（4）获取数据集各列概览，调用 info()方法来概览数据集情况。

```
    print(data.info())
```

代码运行结果如图 9-6 所示。

160

```
<class 'pandas.core.frame.DataFrame'>
RangeIndex: 1048574 entries, 0 to 1048573
Data columns (total 6 columns):
 #   Column       Non-Null Count      Dtype
---  ------       --------------      -----
 0   user_id      1048574 non-null    int64
 1   goods_id     1048574 non-null    int64
 2   category_id  1048574 non-null    int64
 3   behaviour    1048574 non-null    object
 4   Date         1048574 non-null    datetime64[ns]
 5   Hour         1048574 non-null    int32
dtypes: datetime64[ns](1), int32(1), int64(3), object(1)
memory usage: 44.0+ MB
```

图 9-6　数据集各列概览

9.2.4　数据表缺失值处理

（1）查看数据集每列是否有缺失值。调用 isnull()方法查看各列数据缺失值情况，结果显示各类均为"False"，说明各列都没有缺失值。

```
print(data.isnull().any())
```

代码运行结果如图 9-7 所示。

```
user_id        False
goods_id       False
category_id    False
behaviour      False
Date           False
Hour           False
dtype: bool
```

图 9-7　数据集每列缺失值情况

（2）查看数据集每列是否有重复值。调用 duplicated()方法查看各列重复值情况，运行的结果显示重复数据有 89275 条。

```
print(data.duplicated().sum())
```

（3）保留首行，删除重复值，再进行检查。

```
data.drop_duplicates(keep="first",inplace=True)
print(data.duplicated().sum())
```

使用 drop_duplicates()函数删除重复值后，重复值数据为 0。

9.3　页面操作行为分析

页面操作行为分析是指追踪用户在页面上的各种操作行为，如点击、滚动、浏览、停留时间等，并将这些行为数据收集、整理、分析，以揭示用户的真实需求和偏好。利用页面操作行为分析，开发人员和企业能够深入了解用户的实际使用情况，从而进行改进和优化。

9-1　页面总浏览状况分析

9.3.1　页面总浏览状况分析

（1）独立访客数（UV）等页面总浏览状况。

```
print("访问页面的用户总数（独立访客数：UV）:{0}".format(data["user_id"].
nunique()))
# 重复的 user_id 只统计一次
print("有操作的商品数:{0}".format(data["goods_id"].nunique()))
print("有付费的类目数:{0}".format(data["category_id"].nunique()))
print("付费用户数:{0}".format(data[data["behaviour"]=="buy"]["user_id"].nunique()))
print("付费用户占比:{0}".format(data[data["behaviour"]=="buy"]\
["user_id"].nunique()/data["user_id"].nunique()))
```

代码运行结果如图 9-8 所示。

```
访问页面的用户总数（独立访客数：UV):10202
有操作的商品数:412368
有付费的类目数:5859
付费用户数:7000
付费用户占比: 0.6861399725544011
```

图 9-8　页面总浏览状况

（2）用户操作行为类型汇总。通过对数据集"behavior"列调用 value_counts()方法，可以统计出每种行为类型发生的总数。

```
type_series=data.behaviour.value_counts()
print(type_series)
```

代码运行结果如图 9-9 所示。

```
behaviour
pv        851348
cart       57581
fav        29353
buy        21017
Name: count, dtype: int64
```

图 9-9　用户操作行为类型汇总

（3）用户操作行为类型可视化。

```
plt.figure()
plt.pie(x=type_series,labels=type_series.index,autopct="%1.2f%%")
plt.show()
```

代码运行结果如图 9-10 所示。从图形中可以看出，用户点击网页的占比最高，达到88.75%，而购买行为占比最小，仅有 2.19%。从图中也可以得出，用户都是通过大量浏览网页，然后做出是否收藏或购买的行为。

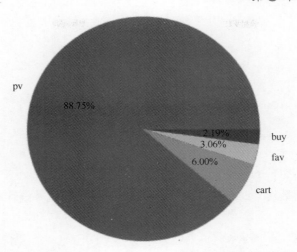

图 9-10　用户操作行为类型可视化图

（4）平均每位用户的页面浏览量（PV）分析。

```
print("页面访问总数（PV）:{0}".format(data["user_id"].shape[0])) # 页面被访问的总次数
print("访问页面用户总数:{0}".format(data["user_id"].nunique()))
# 平均每位用户的浏览量等于页面被访问的总次数/访问的页面用户总数
print("平均每位用户的浏览量 pv 为:{0}次".format(round(data["user_id"]\
.shape[0]/data["user_id"].nunique(),0)))

# 平均每位用户每天的浏览量等于页面被访问的总次数/访问的页面用户总数/天数（不重复）
print("平均每位用户每天的浏览量 pv 为:{0}次".format(round(data["user_id"]\
.shape[0]/data["user_id"].nunique()/data["Date"].nunique())))
```

代码运行结果如图 9-11 所示。

```
页面访问总数（PV）:959299
访问页面用户总数:10202
平均每位用户的浏览量pv为:94.0次
平均每位用户每天的浏览量pv为:4次
```

图 9-11　平均用户页面浏览量数据

9.3.2　日期维度下 pv 和 uv 的变化

（1）不同日期维度下 pv（页面访问数）的变化情况。

通过 groupby()函数对 "Date" 列进行分组并统计每一天的独立访客数。

9-2　日期维度下 pv 和 uv 的变化

```
# 统计每一天的 pv
pv_daily=data.groupby(by="Date").count().reset_index().rename(col
umns={"behaviour":"pv_daily"})
pv_daily=pv_daily[["Date","pv_daily"]]
print(pv_daily.head())
```

代码运行结果如图 9-12 所示。

	Date	pv_daily
0	2017-09-11	1
1	2017-11-06	1
2	2017-11-10	1
3	2017-11-12	1
4	2017-11-13	1

图 9-12　每一天的 pv

（2）不同日期维度下 uv（访问页面用户数）的变化情况。

通过 groupby()函数对"Date"列和"user_id"列进行分组并统计每一天的 uv，即日平均浏览量。

```
# 统计每一天的uv（日平均浏览量）
uv_daily=data.groupby(["Date"])["user_id"].apply(lambda
x:x.drop_duplicates().count()).reset_index().rename(columns={"user_id":"uv_daily"})
pv_daily["uv_daily"]=uv_daily[["uv_daily"]]
pv_uv_daily=pv_daily
pv_uv_daily["Date"]=pv_uv_daily["Date"].dt.strftime("%m-%d")
print(pv_uv_daily.head(10))
```

代码运行结果如图 9-13 所示。

	Date	pv_daily	uv_daily
0	09-11	1	1
1	11-06	1	1
2	11-10	1	1
3	11-12	1	1
4	11-13	1	1
5	11-14	2	2
6	11-16	2	2
7	11-17	5	2
8	11-18	3	3
9	11-19	5	5

图 9-13　每一天的 uv

（3）不同日期维度下 pv 和 uv 的日环比变化情况，通过 shift()函数将每日的 pv 和 uv 滞后一期，然后计算 pv 和 uv 的日环比变化。

```
# 计算pv和uv的日环比变化
pv_uv_daily['pv_daily_l']= pv_uv_daily['pv_daily'].shift(1)
pv_uv_daily['uv_daily_l']= pv_uv_daily['uv_daily'].shift(1)
pv_uv_daily['pv_rate'] = round(100*(pv_uv_daily['pv_daily']-pv_uv_daily\
['pv_daily_l'])/pv_uv_daily['pv_daily_l'],2)

pv_uv_daily['uv_rate'] = round(100*(pv_uv_daily['uv_daily']-pv_uv_daily\
['uv_daily_l'])/pv_uv_daily['uv_daily_l'],2)

pv_uv_hbrate = pv_uv_daily[['Date','pv_daily','uv_daily','pv_rate','uv_rate']]
print(pv_uv_hbrate.head(10))
```

代码运行结果如图 9-14 所示。

```
    Date  pv_daily  uv_daily  pv_rate  uv_rate
0  09-11         1         1      NaN      NaN
1  11-06         1         1     0.00     0.00
2  11-10         1         1     0.00     0.00
3  11-12         1         1     0.00     0.00
4  11-13         1         1     0.00     0.00
5  11-14         2         2   100.00   100.00
6  11-16         2         2     0.00     0.00
7  11-17         5         2   150.00     0.00
8  11-18         3         3   -40.00    50.00
9  11-19         5         5    66.67    66.67
```

图 9-14　pv 和 uv 的日环比变化

（4）不同日期维度下 pv 和 uv 的日环比变化可视图。

```
x=pv_uv_hbrate.Date
y1=pv_uv_hbrate["pv_daily"]
y2=pv_uv_hbrate["uv_daily"]
plt.figure(figsize=(15,8))
plt.subplot(211)
plt.plot(x,y1,"turquoise",marker="o",markerfacecolor="w")# 设置轴标签
plt.title("pv_daily")
plt.xlabel("Date")
plt.ylabel("pv_daily",color="turquoise")
plt.xticks(fontsize=7,rotation=60)
plt.subplot(212)
plt.plot(x,y2,"turquoise",marker="o",markerfacecolor="w")# 设置轴标签
plt.title("uv_daily")
plt.xlabel("Date")
plt.ylabel("uv_daily",color="turquoise")
plt.xticks(fontsize=7,rotation=60)
plt.subplots_adjust(hspace=0.4,wspace=0.5)  # 设置子图之间的间距
plt.show()
```

代码运行结果如图 9-15 所示。

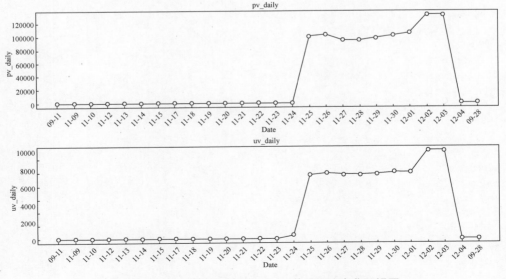

图 9-15　不同日期维度下 pv 和 uv 的日环比变化可视图

从图形结果可以看出在 11 月底到 12 月初，"pv"和"uv"都有显著提升。

9-3　时间维度下
pv 和 uv 的变化

9.3.3　时间维度下 pv 和 uv 的变化

（1）不同时间维度下 pv 和 uv 的变化情况。通过 groupby()函数对数据表"Hour"列和"user_id"列进行分组并统计每个时间段（小时）的 pv 和 uv。

```
# 分别计算出每个时间段（小时）的 pv 和 uv
pv_perhour= data.groupby(by="Hour")["user_id"].count()\
.reset_index().rename(columns={"user_id":"pv"})
pv_uv_perhour=pv_perhour[["Hour","pv"]]
uv_perhour=data.groupby(["Hour"])["user_id"].apply(lambda\
x :x.drop_duplicates().count()).reset_index().rename(columns={"user_id":"uv"})
pv_uv_perhour["uv"]= uv_perhour["uv"]
print(pv_uv_perhour.head())
```

代码运行结果如图 9-16 所示。

```
   Hour     pv    uv
0     0  32063  3229
1     1  14710  1694
2     2   8454  1024
3     3   5857   727
4     4   5105   652
```

图 9-16　不同时间维度下 pv 和 uv 的变化情况

（2）不同时间维度下 pv 和 uv 变化的可视图。

绘制不同时间维度下 pv 和 uv 的变化情况图，可以更加直观地查看每个时间段 pv 和 uv 的变化情况。

```
x1= pv_uv_perhour["Hour"]
x2 = pv_uv_perhour["Hour"]
y1 = pv_uv_perhour["pv"]
y2 =pv_uv_perhour["uv"]
plt.figure(figsize=(10,5))
# 绘制 pv 图
plt.subplot(211)
plt.plot(x1,y1,"black",marker="o")
# 设置标题/轴标签
plt.title('pv perhour',color='black',fontweight='bold')
plt.ylabel('pv',fontsize=12)
plt.xticks(range(24))# 设置坐标轴边框颜色
ax=plt.gca()
ax.spines["top"].set_color("w")
ax.spines["bottom"].set_color("k")
ax.spines["left"].set_color("k")
ax.spines["right"].set_color("w")
# 绘制 uv 图
plt.subplot(212)
plt.plot(x2,y2,"black",marker="o")
plt.title("uv_perhour",color="black",fontweight="bold")
plt.xlabel('Hour',fontsize=10)
```

```
plt.ylabel("uv",fontsize=10)
plt.xticks(range(24))
ax=plt.gca()
ax.spines["top"].set_color("w")
ax.spines["bottom"].set_color("k")
ax.spines["left"].set_color("k")
ax.spines["right"].set_color("w")
plt.subplots_adjust(hspace=0.4,wspace=0.5)  # 设置子图的间距
plt.show()
```

代码运行结果如图 9-17 所示。

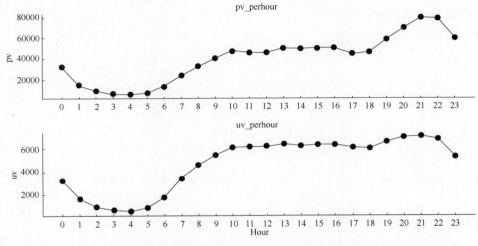

图 9-17　不同时间维度下 pv 和 uv 变化的可视图

根据折线图可知，5—10 时、18—21 时这两个时间段 pv 和 uv 都有较明显上升，而后保持稳定，18 时后缓慢增长，到 21 时后开始下降。pv、uv 变化与大众工作作息时间强相关，侧面证明数据是真实有效的。20—22 时达到峰值，可以参考用户的活跃时间段，采取一些促销活动。

9.4　用户指标分析

用户指标分析旨在通过量化和评估用户的行为、需求和满意度，为产品或服务的优化和改进提供科学依据。

9.4.1　用户购买次数分析

对用户购买次数进行分析，首先可以通过 groupby()函数对“user_id”列进行分组，然后通过布尔索引匹配出“behaviour”列中的“buy”类型，对数据进行汇总统计，再用 describe()函数进行描述性统计分析。

9-4　用户购买次数分析

```
buy_cnt=data[data["behaviour"]=="buy"][["user_id","behaviour"]].groupby(["user_id"])\
.count().reset_index().rename(columns={"behaviour":"count"})
print(buy_cnt.head())
```

代码运行结果如图 9-18 所示。

```
   user_id  count
0      100      8
1      117     10
2      119      3
3      121      1
4      122      3
```

图 9-18　用户购买次数分析

用 describe()函数进行描述性统计分析。

```
print(buy_cnt.describe())
```

代码运行结果如图 9-19 所示。

```
            user_id        count
count  7.000000e+03  7000.000000
mean   4.198588e+05     3.002429
std    4.317305e+05     3.178163
min    1.000000e+02     1.000000
25%    1.096558e+05     1.000000
50%    1.229320e+05     2.000000
75%    1.005018e+06     4.000000
max    1.018011e+06    72.000000
```

图 9-19　用户购买次数统计

根据上述结果可知，用户的平均购买次数为 3 次，其中购买次数最少的为 1 次，最多的为 72 次。

绘制直方图对用户购买次数进行可视化分析，代码如下。

```
x=buy_cnt["count"]
plt.title("用户购买次数分布图",fontsize=14)
plt.xlabel("用户购买次数(次)")
plt.ylabel("用户编号")
plt.hist(x,bins=10,color="turquoise")
plt.show()
```

代码运行结果如图 9-20 所示。

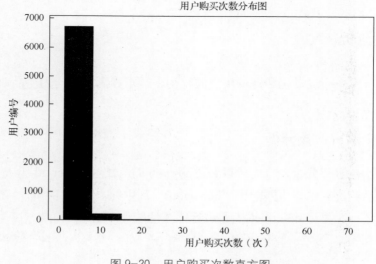

图 9-20　用户购买次数直方图

根据图 9-20 可知，绝大部分用户购买次数在 10 次以内。

9.4.2 用户复购率分析

9-5 用户复购率
分析

复购率是衡量用户忠诚度的重要指标之一。通过深入分析复购率，企业可以了解用户的购买行为和偏好，从而制定有针对性的营销策略，提升用户忠诚度，增加用户的复购行为。

复购率计算公式为一定时间内购买超过一次的用户数除以总购买用户数，具体代码如下。

```
rebuy_cnt=round(buy_cnt[buy_cnt["count"]>=2].count()/buy_cnt.count(),2)
print("复购率:{:.2f}%".format(rebuy_cnt[1]*100))
```

代码运行结果显示复购率为 66%。

电商网站在下沉扩展获取新用户的同时，促进老用户复购次数增加，进一步稳定提高复购率是更重要的事情。购买一次可能是被醒目的标题、精美的图片或是诱人的营销活动吸引，而复购就要求产品质量过关、服务到位，消费者对第一次的购物体验很满意才会进行第二次购买。

9.4.3 用户跳失率分析

跳失率是指顾客通过相应入口进入电商网站或店铺后，只访问了一个页面就离开的访问次数占该页面（或整个网站/店铺）总访问次数的比例。它反映了用户对网站或店铺内容的兴趣程度和黏性，以及网站或店铺在满足用户需求方面的能力。跳失率公式为：只浏览一个页面就离开的访问次数/该页面的全部访问次数。

首先将数据表"behaviour"列中"pv"类型的用户行为提取出来，然后按照用户 ID 分组，最后将只浏览一次页面的用户数统计出来进行计算。代码如下。

```
groupby_userid = data.groupby(by='user_id')
user_type = groupby_userid.behaviour.value_counts().unstack()
only_pv_users = user_type[user_type['pv']==user_type.sum(axis=1)]
# 计算跳失率
bounce_rate = only_pv_users.shape[0]/data.user_id.nunique()
print("跳失率:{:.2f}%".format(bounce_rate*100))
```

代码运行结果显示跳失率为 5.77%。

数值看上去较小，但跳失率一定程度上反映了网站页面的受欢迎程度，跳失率数值为多少合适一般而言需要结合行业数据和以往数据分析。

9.4.4 用户转化漏斗分析

漏斗分析是衡量用户访问电商网站的行为转化效果的重要工具，也是进行转化分析的主要手段。它能够清晰地展示用户浏览、购买等行为的转化情况，从多角度剖析对比，定位流失原因，提升转化表现。

用户转化漏斗分析包括两条路径。

（1）点击→收藏→购买。

（2）点击→加购→购买。

用户转化漏斗分析代码如下。

```
pv_df = data[data['behaviour']=='pv']
buy_df = data[data['behaviour']=='buy']
cart_df = data[data['behaviour']=='cart']
fav_df = data[data['behaviour']=='fav']

# 路径1 点击->加购->购买
pv_cart_df = pd.merge(left=pv_df,right=cart_df,how='inner',\
on=['user_id','goods_id','category_id'],suffixes=('_pv','_cart'))
# suffixes 重叠列添加后缀

cart_buy_df = pd.merge(left=cart_df,right=buy_df,how='inner'\
,on=['user_id','goods_id','category_id'],suffixes=('_cart','_buy'))

count_users_pv_cart = pv_cart_df[pv_cart_df.Date_pv < pv_cart_df.Date_cart].user_
id.nunique()

count_users_cart_buy = cart_buy_df\
[cart_buy_df.Date_cart < cart_buy_df.Date_buy].user_id.nunique()

# 路径2 点击->收藏->购买
pv_fav_df = pd.merge(left=pv_df,right=fav_df,how='inner',\
on=['user_id','goods_id','category_id'],suffixes=('_pv','_fav'))

fav_buy_df = pd.merge(left=fav_df,right=buy_df,how='inner',\
on=['user_id','goods_id','category_id'],suffixes=('_fav','_buy'))

count_user_pv_fav = pv_fav_df[pv_fav_df.Date_pv < pv_fav_df.Date_fav].user_id.nunique()
count_user_fav_buy = fav_buy_df[fav_buy_df.Date_fav < fav_buy_df.Date_buy].user_id.
nunique()

fav_cart_ratio = (count_user_pv_fav+count_users_pv_cart)/data.user_id.nunique()
buy_ratio=(count_user_fav_buy+count_users_cart_buy)/data.user_id.nunique()
print('收藏购买用户转化率为：%.2f%%'%(fav_cart_ratio*100))
print('加购购买用户转化率为：%.2f%%'%(buy_ratio*100))
```

代码运行结果显示收藏购买用户转化率为 29.60%，加购购买用户转化率为 20.81%。

9.5 用户行为指标分析

用户行为指标分析是指通过对用户在特定平台或应用上的操作行为进行量化分析，以揭示用户的行为特征、偏好和需求。这些行为数据包括但不限于用户的访问量、点击量、浏览量、停留时间、转化率等。

9.5.1 用户行为分析

1. 用户行为总体分析

通过用户行为的总体分析可以全面了解一定时间周期内用户访问网站的各种行为状况。

```
type_1=data[data["behaviour"]=="pv"]["user_id"].count()
```

```
type_2=data[data["behaviour"]=="fav"]["user_id"].count()
type_3=data[data["behaviour"]=="cart"]["user_id"].count()
type_4=data[data["behaviour"]=="buy"]["user_id"].count()
print("点击总量为: {0}".format(type_1))
print("收藏总量为: {0}".format(type_2))
print("加购总量为: {0}".format(type_3))
print("付费总量为: {0}".format(type_4))
```

代码运行结果如图 9-21 所示。

```
点击总量为: 851348
收藏总量为: 29353
加购总量为: 57581
付费总量为: 21017
```

图 9-21　用户行为总体分析

2．每个用户购买行为分析

通过每个用户行为的总体分析可以全面了解一定时间周期内每个用户访问网站的各种行为状况。首先根据"user_id"列和"behaviour"列进行分组，然后统计每个用户每种行为类型的数量。

```
count_by_user_behav = data.groupby(['user_id','behaviour']).count()
print(count_by_user_behav.head(10))
```

代码运行结果如图 9-22 所示。

```
                      goods_id  category_id  Date  Hour
user_id behaviour
1       pv                 55           55    55    55
13      cart                4            4     4     4
        pv                  7            7     7     7
100     buy                 8            8     8     8
        fav                 6            6     6     6
        pv                 81           81    81    81
115     cart                3            3     3     3
        fav                11           11    11    11
        pv                216          216   216   216
117     buy                10           10    10    10
```

图 9-22　每个用户购买行为分析

9.5.2　日期维度下用户行为变化

1．计算每天的收藏量

首先提取"behaviour"列中所有"fav"值的数据，然后根据"Date"列和"user_id"列进行分组统计，计算出每天的收藏量。

```
# 计算每天的收藏量
date_fav=data[data["behaviour"]=="fav"]
date_fav=date_fav.groupby(["Date"])["user_id"].count().reset_index()\
.rename(columns={"user_id":"fav"})[["Date","fav"]]

date_fav["Date"]=date_fav["Date"].dt.strftime("%m-%d")
print(date_fav.head())
```

代码运行结果如图 9-23 所示。

```
      Date   fav
0   11-25  2852
1   11-26  3235
2   11-27  2977
3   11-28  2843
4   11-29  3177
```

图 9-23　每天收藏量

2. 计算每天加购量

首先提取"behaviour"列中所有"cart"值的数据，然后根据"Date"列和"user_id"列进行分组统计，计算出每天的加购量。

```
# 计算每天的加购量
date_cart=data[data["behaviour"]=="cart"]
date_cart=date_cart.groupby(["Date"])["user_id"].count().reset_index()\
.rename(columns={"user_id":"cart"})[["Date","cart"]]

date_cart["Date"]=date_cart["Date"].dt.strftime("%m-%d")
print(date_cart.head())
```

代码运行结果如图 9-24 所示。

```
      Date  cart
0   11-25  5992
1   11-26  6022
2   11-27  5662
3   11-28  5758
4   11-29  5764
```

图 9-24　每天加购量

3. 计算每天购买量

首先提取"behaviour"列中所有"buy"值的数据，然后根据"Date"列和"user_id"列进行分组统计，计算出每天的购买量。

```
# 计算每天的购买量
date_buy=data[data["behaviour"]=="buy"]
date_buy=date_buy.groupby(["Date"])["user_id"].count().reset_index()\
.rename(columns={"user_id":"buy"})[["Date","buy"]]

date_buy["Date"]=date_buy["Date"].dt.strftime("%m-%d")
print(date_buy.head())
```

代码运行结果如图 9-25 所示。

```
      Date   buy
0   11-25  2060
1   11-26  2080
2   11-27  2302
3   11-28  2274
4   11-29  2364
```

图 9-25　每天购买量

4. 用户行为变化可视图

通过绘制用户行为变化的可视图，可以更加直观地观察每种用户行为的变化情况。

```
# 数据可视化
x= date_buy["Date"]
y1 = date_fav.fav        #收藏行为
y2 =date_cart.cart       #加购行为
y3=date_buy.buy          #购买行为
plt.figure(figsize=(10,5))
# 绘制 pv 图
# plt.plot(x,y1,"green",x,y2,"r--",x,y3,"b-*")
plt.plot(x,y1, "green", label="收藏行为")       # 收藏行为，绿色实线
plt.plot(x,y2, "r--", label="加购行为")          # 加购行为，红色虚线
plt.plot(x,y3, "b-*", label="购买行为")          # 购买行为，蓝色星号带线
plt.ylabel('（人次）')

ax=plt.gca()
ax.spines["top"].set_color("w")
ax.spines["bottom"].set_color("k")
ax.spines["left"].set_color("k")
ax.spines["right"].set_color("w")

plt.legend()  # 显示图例
plt.show()    # 显示图形
```

9-6　用户行为变化
可视图

代码运行结果如图 9-26 所示。

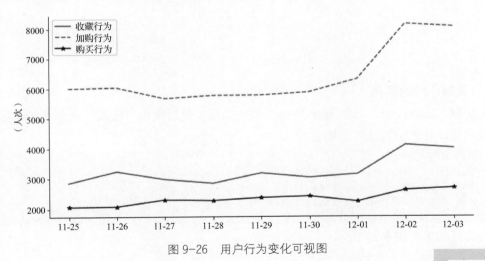

图 9-26　用户行为变化可视图

9.5.3　时间维度下用户行为变化

1. 计算每小时收藏量

首先提取"behaviour"列中所有"fav"值的数据，然后根据"Hour"列和"user_id"列进行分组统计，计算出每小时的收藏量。

9-7　时间维度下
用户行为变化

```
# 计算每小时的收藏量
hour_fav=data[data["behaviour"]=="fav"]
```

```
hour_fav=hour_fav.groupby(["Hour"])["user_id"].count().reset_index().\
rename(columns={"user_id":"fav"})[["Hour","fav"]]
print(hour_fav.head())
```

代码运行结果如图 9-27 所示。

```
   Hour   fav
0     0  1010
1     1   458
2     2   272
3     3   185
4     4   170
```

图 9-27　每小时收藏量

2．计算每小时加购量

首先提取"behaviour"列中所有"cart"值的数据，然后根据"Hour"列和"user_id"列进行分组统计，计算出每小时的加购量。

```
# 计算每小时的加购量
hour_cart=data[data["behaviour"]=="cart"]
hour_cart=hour_cart.groupby(["Hour"])["user_id"].count().reset_index().\
rename(columns={"user_id":"cart"})[["Hour","cart"]]
print(hour_cart.head())
```

代码运行结果如图 9-28 所示。

```
   Hour  cart
0     0  1916
1     1   930
2     2   525
3     3   386
4     4   269
```

图 9-28　每小时加购量

3．计算每小时购买量

首先提取"behaviour"列中所有"buy"值的数据，然后根据"Hour"列和"user_id"列进行分组统计，计算出每小时的购买量。

```
# 计算每小时的购买量
hour_buy=data[data["behaviour"]=="buy"]
hour_buy=hour_buy.groupby(["Hour"])["user_id"].count().reset_index()\
.rename(columns={"user_id":"buy"})[["Hour","buy"]]
print(hour_buy.head())
```

代码运行结果如图 9-29 所示。

```
   Hour  buy
0     0  591
1     1  246
2     2  150
3     3   64
4     4   88
```

图 9-29　每小时购买量

4．用户购买商品的可视图

通过绘制用户购买商品的可视图，可以更加直观地观察用户购买商品行为的总体情况，因为数量比较大，故截取其中的 50 条数据进行处理。

```
count_by_userid_behav = count_by_user_behav['goods_id']
count_by_userid_behav[1:50].plot(kind='bar',figsize=(150,50))
plt.xlabel('有购买行为的用户数',fontsize=100)
plt.ylabel('用户购买商品数',fontsize=100)
```

代码运行结果如图 9-30 所示。

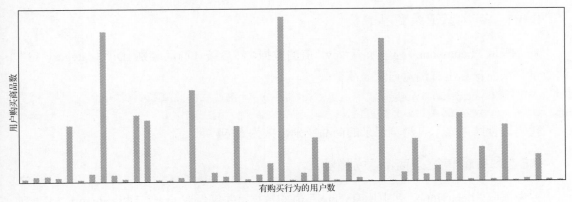

图 9-30　用户购买商品可视图

5．用户各行为类型发生次数分析

通过用户各行为类型发生的次数分析可以全面了解一定时间周期内每种类型用户行为的总体情况。

```
# 根据行为类型进行分组统计
count_by_behav = data.groupby('behaviour')
print(count_by_behav.head())
```

代码运行结果如图 9-31 所示。

	user_id	goods_id	category_id	behaviour	Date	Hour
0	1	2268318	2520377	pv	2017-11-25	1
1	1	2333346	2520771	pv	2017-11-25	6
2	1	2576651	149192	pv	2017-11-25	9
3	1	3830808	4181361	pv	2017-11-25	15
4	1	4365585	2520377	pv	2017-11-25	15
64	100	3763048	3425094	fav	2017-11-25	3
67	100	4115850	223690	fav	2017-11-25	6
69	100	2971043	4869428	fav	2017-11-25	7
71	100	1603476	2951233	buy	2017-11-25	11
73	100	2971043	4869428	buy	2017-11-25	21
88	100	3245421	2881542	fav	2017-11-27	8
92	100	2158340	2429887	fav	2017-11-27	8
100	100	598929	2429887	buy	2017-11-27	13
119	100	1046201	3002561	buy	2017-11-27	15
125	100	1606258	4098232	buy	2017-11-27	21
154	1000	5120034	1051370	cart	2017-11-25	0
186	1000	843246	1879194	cart	2017-11-30	0
272	1000004	3999536	4756105	cart	2017-11-25	9
276	1000004	2980887	3607361	cart	2017-11-26	12
322	1000004	1317750	1080785	cart	2017-11-29	22

图 9-31　用户各行为类型发生的次数分析

175

9.6 商品数据分析

商品数据分析包括有浏览记录商品分析、有销售记录商品类别分析、销售排名前 10 商品分析和浏览量靠前的商品品类分析等。

9.6.1 有浏览记录商品分析

首先提取"behaviour"列中所有"pv"值的数据，然后统计商品类别 ID（"category_id"）的数量，从而计算出有浏览记录商品数。

```
print("有浏览记录的商品类别数量：{0}类".format(data[data["behaviour"]=="pv"]\
["category_id"].nunique()))
```

代码运行结果显示有浏览记录的商品类别总共为 5764 类。

9.6.2 有销售记录商品类别分析

首先提取"behaviour"列中所有"buy"值的数据，并仅保留 user_id 和 category_id 两列。然后根据"category_id"分组计算每个 category_id 下有多少个独立的购买者（或购买事件，如果每行代表一个事件的话）。对统计出的数据进行描述性统计分析，可以更加全面地了解数据情况。

```
date_buy=data[data["behaviour"]=="buy"][["user_id","category_id"]]
date_buy_cnt=date_buy.groupby(by="category_id").count().reset_index().rename(columns={"user_id":"buy_cnt"})
print(date_buy_cnt.head())
```

代码运行结果如图 9-32 所示。

```
   category_id  buy_cnt
0         2171        1
1         5064        1
2         8254        3
3        11120        1
4        16219        2
```

图 9-32 有销售记录的商品类别数据

```
print(date_buy_cnt.describe())
```

代码运行结果如图 9-33 所示。

```
        category_id        buy_cnt
count  2.554000e+03    2554.000000
mean   2.559904e+06       8.229052
std    1.459677e+06      23.361588
min    2.171000e+03       1.000000
25%    1.331870e+06       1.000000
50%    2.559026e+06       2.000000
75%    3.816744e+06       6.000000
max    5.161669e+06     379.000000
```

图 9-33 有销售记录商品类别的描述性统计分析

从数据的描述性统计分析结果可以得出，商品种类平均购买数为 8 次左右，商品种类的最大购买数为 379 次。

9.6.3　销售排名前 10 商品分析

将有销售记录的商品类别数据按"buy_cnt"列进行排序，可以得出排名前 10 的商品类别。通过可视化分析可以更清楚地了解排名前 10 商品类别的占比情况。

```
top_10=date_buy_cnt.sort_values(by="buy_cnt",ascending=False).head(10)
print(top_10)
```

代码运行结果如图 9-34 所示。

	category_id	buy_cnt
1375	2735466	379
713	1464116	359
2087	4145813	339
1444	2885642	323
2399	4801426	294
2379	4756105	268
505	982926	241
1321	2640118	178
1495	3002561	175
2212	4357323	172

图 9-34　销售排名前 10 的商品类别数据

```
plt.figure(figsize=(12,8))
x=top_10["buy_cnt"]
labels=top_10["category_id"]
# colors=[]
plt.pie(x,labels=labels,autopct="%1.1f%%",labeldistance=1.1)
plt.show()
```

代码运行结果如图 9-35 所示。

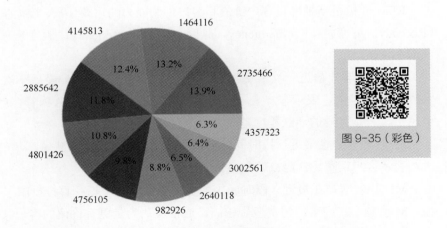

图 9-35（彩色）

图 9-35　销售排名前 10 的商品类别占比图

9.6.4　浏览量靠前的商品品类分析

将有销售记录的商品类别数据按"pv"值进行排序，然后按"category_id"列进行分组统计，可以得出浏览次数排名靠前的商品类别。

```
# 统计浏览量靠前的商品品类
data_pv=data[data["behaviour"]=="pv"][["user_id","category_id"]]
data_pv=data_pv.groupby(by="category_id").count().reset_index().rename(columns={"user_id":"pv_cnt"})
print(data_pv.head())
```

代码运行结果如图 9-36 所示。

```
   category_id  pv_cnt
0         2171      16
1         2410       9
2         3579       8
3         4907       1
4         5064     147
```

图 9-36　浏览量靠前的商品品类数据

9.7　应用实例——电商产品 RFM 分析

在客户关系管理和市场营销中，深入了解客户行为及价值是至关重要的。RFM（Recency, Frequency, Monetary）分析作为一种强大的客户细分方法，能够帮助我们全面评估客户的活跃度、忠诚度和消费能力。通过这一分析方法，企业可以更加精准地识别出有价值的客户群，从而制定更为有效的营销策略，优化资源配置，并提升客户满意度和忠诚度。

9.7.1　RFM 分析概述

RFM 分析是一种衡量客户价值和客户创利能力的重要手段。该模型基于 3 个关键指标 R（Recency，近度）、F（Frequency，频度）和 M（Monetary，额度）来评估客户的消费行为和潜在价值。

R：代表客户最近一次消费时间的间隔。它关注的是客户最后一次交易距离现在的时间长度。R 值越大，表示客户上一次交易的时间越久远，可能意味着客户流失的风险增加；R 值越小，表示客户的活跃程度越高。

F：代表客户在最近一段时间内的消费频率。这个指标反映了客户的消费活跃度。F 值越大，表示客户消费频次越高，越活跃。

M：代表客户在最近一段时间内消费的金额。这个指标直接反映了客户对公司贡献的价值。M 值越大，则客户消费金额越高，通常被认为是更有价值的客户。

RFM 分析通过这 3 个维度对客户数据进行综合评估，有助于企业更准确地识别出不同价值的客户群体，并制定相应的营销策略。

一般来说，可以对这 3 个指标按照高低程度进行二分类，从而得到 8 种类型的客户，分别是：潜在客户，重点挽留客户，一般保持客户，重点保持客户，一般发展客户，重点发展客户，一般价值客户和高价值客户。根据 RFM 客户分层模型的结果，针对不同的客户类型，可以制定不同的营销策略。

RFM 模型在多个行业领域和细分场景中都有广泛的应用，如互联网、零售、电商、银行、通信等。在搭建 RFM 分析模型时，需要收集客户名称/客户 ID、消费时间、消费金额等原始字段，并整理出近度、频度和额度 3 个字段。通过数据分析和处理，可以计算出每个客户的R 值、F 值、M 值，并据此进行客户分类和制定个性化的营销策略。

9.7.2　电商产品 RFM 分析

9-8　电商产品
RFM 分析

【例 9-1】电商用户下单数据 RFM 分析。本例采用截至 2023 年 6 月 4日 2462 名天猫用户的下单数据进行 RFM 分析，并对这些用户进行分类。代码如下。

```
import pandas as pd
import matplotlib.pyplot as plt
df = pd.read_csv('./用户下单数据.csv',encoding='gbk')
print(df.info())
```

运行结果如图 9-37 所示。

```
<class 'pandas.core.frame.DataFrame'>
RangeIndex: 5000 entries, 0 to 4999
Data columns (total 8 columns):
 #   Column     Non-Null Count   Dtype
---  ------     --------------   -----
 0   用户ID       5000 non-null    int64
 1   用户出生日期    5000 non-null    object
 2   性别         5000 non-null    object
 3   婚姻状况       5000 non-null    object
 4   文化程度       5000 non-null    object
 5   下单时间       5000 non-null    object
 6   订单ID       5000 non-null    int64
 7   交易金额       5000 non-null    float64
dtypes: float64(1), int64(2), object(5)
memory usage: 312.6+ KB
```

图 9-37　用户下单数据

统计数据集一共有多少个下单用户，代码如下。

```
len(df['用户ID'].unique())
```

计算 RFM 值，代码如下。

```
# 解析时间格式
df['下单时间'] = pd.DatetimeIndex(df['下单时间'])
# 假设统计日期为 2023-12-31，我们来计算 RFM 值
df['间隔天数'] = pd.to_datetime('2023-12-31') - df['下单时间']
# 从时间距离中获取天数
df['间隔天数'] = df['间隔天数'].dt.days
# 计算 RFM 值并合并各项
R = df.groupby(by=['用户ID'],as_index=False)['间隔天数'].min()
```

179

```
F = df.groupby(by=['用户ID'],as_index=False)['订单ID'].count()
M = df.groupby(by=['用户ID'],as_index=False)['交易金额'].sum()
RFM_Data = R.merge(F).merge(M)
RFM_Data.columns = ['用户ID', 'R', 'F', 'M']
print(RFM_Data.head())
```

运行结果如图 9-38 所示。

```
   用户ID     R   F            M
0  3211111  439   1   590.091338
1  3211114  276   1   505.748788
2  3211115  285   2  1008.014778
3  3211117  315   1   918.527138
4  3211118  404   1   699.088746
```

图 9-38　RFM 值计算结果

将客户分类，代码如下。

```
# 判断 R 列是否大于等于 R 列的平均值，使用 loc 将符合条件 R_S 列的值赋值为 1
RFM_Data.loc[RFM_Data['R'] >= RFM_Data.R.mean(), 'R_S'] = 1
# 判断 R 列是否小于 R 列的平均值，使用 loc 将符合条件 R_S 列的值赋值为 2
RFM_Data.loc[RFM_Data['R'] < RFM_Data.R.mean(), 'R_S'] = 2
# 同 R_S 赋值方法，对 F_S、M_S 进行赋值，但与 R 相反，F、M 均为越大越好
RFM_Data.loc[RFM_Data['F'] <= RFM_Data.F.mean(), 'F_S'] = 1
RFM_Data.loc[RFM_Data['F'] > RFM_Data.F.mean(), 'F_S'] = 2
RFM_Data.loc[RFM_Data['M'] <= RFM_Data.M.mean(), 'M_S'] = 1
RFM_Data.loc[RFM_Data['M'] > RFM_Data.M.mean(), 'M_S'] = 2
# 采用常用分类计算公式将所有用户分为 8 类
RFM_Data['RFM'] = 100*RFM_Data.R_S+10*RFM_Data.F_S+1*RFM_Data.M_S
# 定义 RFM 综合分值与客户类型的对应关系表
CustomerType = pd.DataFrame(data={'RFM': [111,112,121,122,211,212,221,222],'Type':
['潜在客户','重点挽留客户','一般保持客户','重点保持客户', '一般发展客户','重点发展客户','一般价值客
户','高价值客户']})
# 数据合并
RFM_Data = RFM_Data.merge(CustomerType)
print(RFM_Data.head())
```

运行结果如图 9-39 所示。

```
   用户ID     R   F            M  R_S  F_S  M_S    RFM    Type
0  3211111  439   1   590.091338  2.0  1.0  1.0  211.0  一般发展客户
1  3211114  276   1   505.748788  2.0  1.0  1.0  211.0  一般发展客户
2  3211115  285   2  1008.014778  2.0  1.0  1.0  211.0  一般发展客户
3  3211117  315   1   918.527138  2.0  1.0  1.0  211.0  一般发展客户
4  3211118  404   1   699.088746  2.0  1.0  1.0  211.0  一般发展客户
```

图 9-39　客户分类结果

将客户分类结果以饼图显示，代码如下。

```
RFM_result=RFM_Data.groupby(by=['Type'])['用户ID'].agg('count').sort_values()
RFM_result.plot(kind='pie',autopct='%1.1f%%',figsize=(8,8))
plt.ylabel(None)
```

运行结果如图 9-40 所示。

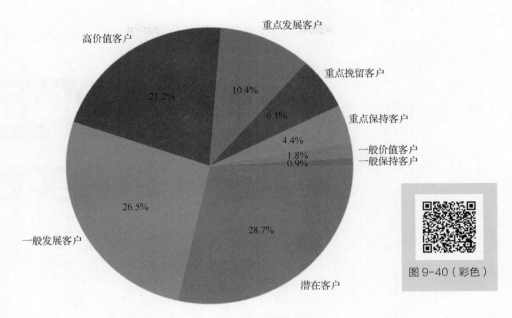

图 9-40　客户分类结果饼图

本章实训

1. 登录相关数据集网站，如淘宝阿里云天池，查找电商数据，参考本章方法进行电商用户行为分析，要求能完成以下处理步骤。

（1）对数据集进行预处理。

（2）对数据集进行整体概况分析（PV、UV、复购率、跳失率、用户转化漏斗分析等）。

（3）对数据集按日期和时间维度进行用户行为分析。

（4）对数据集按商品 ID 和商品类别进行分析。

第三篇

综合实践篇

第 **10** 章　抖音短视频数据分析

　　抖音，作为一款全球知名的短视频社交平台，其海量的用户数据和视频内容为我们提供了丰富的分析素材。短视频平台如抖音已成为人们日常生活中不可或缺的一部分。抖音短视频以其独特的魅力，吸引了数亿用户的关注和参与。在这个信息爆炸的时代，如何有效地分析抖音短视频数据，从而洞察用户行为、优化内容策略、提升品牌曝光度，成为众多创作者和营销人员关注的焦点。本章将深入介绍如何利用 Python 语言及其数据分析工具，对抖音短视频数据进行挖掘和分析，从而揭示用户的行为模式、兴趣偏好以及内容创作的趋势。

本章学习目标

1. 熟悉结合实际问题进行数据获取的过程。
2. 掌握利用 Python 数据处理技术对实际问题进行综合数据处理的能力。
3. 掌握利用 Python 数据分析技术解决实际问题的能力。
4. 掌握利用 Python 数据分析技术解决实际问题的综合能力。

10.1　问题背景

　　在当今数字化时代，社交媒体和短视频平台已成为人们日常生活中不可或缺的一部分。抖音，作为领先的短视频平台之一，以其独特的内容创作方式和广泛的用户基础，吸引了大量的创作者和观众。然而，随着内容的快速增长和竞争的加剧，如何有效地分析和管理抖音短视频数据，以优化内容策略、提升用户参与度和留存率，成了创作者和平台运营者面临的重要挑战。

　　短视频平台逐渐崛起并成了用户日常娱乐和信息获取的重要渠道。抖音作为其中的佼佼者，以其独特的算法和内容推荐机制，吸引了数亿用户的关注和参与，这些用户在平台上发布、分享、观看短视频，形成了一个庞大的数据海洋，图 10-1 显示了 2018—2023 年中国短视频行业用户使用率。然而，这些数据并非仅仅是简单的视频和互动信息，它们蕴含着用户的行为模式、兴趣偏好、消费习惯等丰富的信息。对于用户、内容创作者、广告商、平台运营者来说，如何有效利用这些数据，了解用户需求，优化内容策略，提升用户体验，成了一个迫切需要解决的问题。

图 10-1　2018—2023 年中国短视频行业用户使用率

通过对抖音短视频数据的深入分析，我们期望能够为创作者提供有价值的建议，帮助他们理解用户需求、调整内容策略，从而创作出更符合用户品味的短视频内容。同时，对于平台运营者来说，数据分析的结果还可以用于优化推荐算法、提升用户体验和平台活跃度。

在此背景下，本章将重点关注抖音短视频数据分析。我们将探讨如何通过收集、处理和分析抖音平台上的短视频数据，来揭示用户行为模式、内容流行趋势以及视频属性与用户反馈之间的关系。具体来说，我们将分析视频时长对收藏和完成度的影响，以及其他可能影响视频表现的关键因素。

抖音短视频数据分析是一个具有重要意义的研究领域，它不仅有助于提升创作者的内容质量，还能够为平台的发展提供有力支持。本章将详细阐述数据分析的过程和方法，以期为读者提供有价值的参考和启示。

抖音短视频近年来成为一种新的潮流，但创作者们遭遇了诸多瓶颈，如：用户流失过快，竞争压力大，内容逐渐失去新鲜感等。本章将从抖音短视频用户、创作者以及内容 3 个方面进行分析，根据引入的 17 万条左右用户行为数据，运用 Python 分析工具分门别类挖掘其中各类信息，为抖音发展、创作升级、内容优化以及产品运营等提供建议。

本章将深入探讨如何运用 Python 数据分析工具和技术，对抖音短视频数据进行深入分析和挖掘。通过分析用户的观看记录、点赞行为等，了解用户的兴趣偏好和观看习惯；通过分析视频的发布时间、播放量、互动量等，了解内容创作的趋势和规律；通过对比不同用户群体、不同时间段的数据，我们可以发现潜在市场机会和竞争态势。

具体来说，本章将围绕以下几个问题展开。

（1）如何获取抖音短视频数据？抖音官方 API 的使用限制和第三方数据源的选择是一个需要解决的问题。

（2）如何对获取的数据进行预处理？数据清洗、转换、整合等步骤对于后续分析至关重要。

（3）如何从数据中提取有价值的信息？运用 Python 数据分析技术，对用户行为、视频创作者和视频内容等进行深入分析。

（4）如何将分析结果以直观的方式呈现出来？通过数据可视化工具，将分析结果以图表、报告等形式呈现，帮助用户更好地理解和应用。

10.2　数据描述

本节主要对数据来源、数据特点、数据字段等进行介绍。

10.2.1　数据来源

首先采用爬虫技术以及多个数据库资源对抖音短视频用户等一系列数据进行收集（数据爬取可以参考第 6 章有关爬虫的介绍），并且用 Python 中的 pandas 库对之前所采集到的数据进行整理。然后导入相关库读取数据，对不同来源的数据进行综合整合，最后的数据文件见"douyin_dataset.csv"。

10.2.2　数据特点

数据的种类较多，类型丰富，既有用户地区分布，又有用户观看时间等。但是受到条件的限制，部分数据并不齐全，可能对分析过程会造成一定的影响。

10.2.3　数据字段

图 10-2 所示为数据字段内容，其中 uid 表示看视频的用户 ID；user_city 表示用户所在的城市，用数字来代替；item_id 表示作品 ID；author_id 表示发布作品的作者 ID；item_city 表示发布视频作者所在的城市；channel 表示观看视频的来源，视频的来源不局限在某一个 App，也可以在其他网站或视频 App；finish 表示是否完整浏览了视频作品；like 表示是否为作品点赞；music_id 表示使用的音乐；duration_time 表示作品的时长；real_time 表示作品真实发布的时间；H 表示当前的时间，具体到小时；date 表示发布的日期。

	A	B	C	D	E	F	G	H	I	J	K	L	M	N
1		uid	user_city	item_id	author_id	item_city	channel	finish	like	music_id	duration_ti	real_time	H	date
2	3	15692	109	691661	18212	213	0	0	0	11513	10	28/10/2019 21:55	21	28/10/2019
3	5	44071	80	1243212	34500	68	0	0	0	1274	9	21/10/2019 22:27	22	21/10/2019
4	16	10902	202	3845855	634066	113	0	0	0	762	10	26/10/2019 0:38	0	26/10/2019
5	19	25300	21	3929579	214923	330	0	0	0	2332	15	25/10/2019 20:36	20	25/10/2019

图 10-2　数据字段

10.2.4　数据导入

传统办公软件如 Excel 和 WPS 能胜任小规模数据集的处理和分析，但当数据量激增至百万级别甚至更高时，这些工具往往会因超出其处理范围而显得"力不从心"。具体表现为：

尝试打开或操作这些数据集时，可能会遭遇性能瓶颈，导致数据加载缓慢、显示不全甚至丢失部分信息。针对这种情况，Python 的 pandas 库成了处理中大规模数据集的理想选择。pandas 通过其高效的数据结构（如 DataFrame）和丰富的数据处理函数，能够轻松应对几千到几万条记录的数据集，提供快速的数据读取、筛选、转换、聚合及可视化等功能。当数据集规模达到百万级时，pandas 依然能够保持较高的执行效率，确保数据的完整性和准确性。

使用 pandas 读取"douyin_dataset.csv"文件，代码如下。

```
import numpy as np
from pyecharts.charts import Bar,Line
from pyecharts import options as opts
import pandas as pd
#读入数据
df = pd.read_csv('./douyin_dataset.csv',index_col=0)
```

10.3　数据处理

先查看数据，确定预处理内容，再进行数据清洗。数据处理过程主要如下。

（1）数据去重。

```
print("去重前: ",df.shape[0],'行数据')
print("去重后: ",df.drop_duplicates().shape[0],'行数据')
```

（2）查看缺失值。

```
print(np.sum(df.isnull()))
```

（3）变量类型转换。

将 real_time 和 date 等转为表示时间的变量，并且将小数点去掉。

```
df.info()
df['date']=df['date'].astype('datetime64[ns]')
```

经过上述数据预处理后，数据结构如图 10-3 所示。

```
<class 'pandas.core.frame.DataFrame'>
Index: 1737312 entries, 3 to 5886699
Data columns (total 13 columns):
 #   Column         Dtype
---  ------         -----
 0   uid            int64
 1   user_city      float64
 2   item_id        int64
 3   author_id      int64
 4   item_city      float64
 5   channel        int64
 6   finish         int64
 7   like           int64
 8   music_id       float64
 9   duration_time  int64
 10  real_time      object
 11  H              int64
 12  date           object
dtypes: float64(3), int64(8), object(2)
memory usage: 185.6+ MB
```

图 10-3　数据预处理后的数据结构

10.4　数据分析

接下来，我们将从抖音短视频平台的三大核心维度——用户、创作者与视频内容出发，进行深入剖析，旨在制定更加精准有效的策略，以促进用户吸引、创作者成长及内容优化的良性循环。

10.4.1　用户维度分析

10-1　用户地区
分布分析

1．用户地区分布分析

通过对用户所在地区的分析，我们可以更为精确地了解不同地区用户的分布数量以及用户的地区分布特点，便于我们根据不同地区的用户特点制定出不同的运营策略。代码如下。

```
# 用户地区分布分析
user_city_count=df.groupby('user_city').count().sort_values(by=['uid'],ascending=False)
X1=list(user_city_count.index)
Y1=user_city_count['uid'].tolist()
len(Y1)

# 制作不同地区用户数量分布图
Chart=Bar()
Chart.add_xaxis(X1)
Chart.add_yaxis('地区使用人数', Y1, color='F6325A',
                itemstyle_opts=opts.ItemStyleOpts(border_radius=[60, 60, 20, 20]),
                label_opts=opts.LabelOpts(position='top'))

Chart.set_global_opts(datazoom_opts=opts.DataZoomOpts(
    range_start=0, range_end=5, orient='horizontal', type_='slider', is_zoom_lock=
False, pos_left='1%'
))
Chart.render('./图1.html')
```

从已知的数据我们可以知道，抖音短视频的用户覆盖了 393 个城市，编号为 6 的城市人数最多，可推断我国抖音短视频用户分布范围广。由此可以根据用户分布的特征制定出相应策略，既要从整体出发，又要注意小部分地区的特点，做到统筹兼顾。

从图 10-4 可以知道，抖音短视频的用户分布既有集中的特点又有分散的趋势，如从图中可以看出，6 号城市抖音短视频用户的数量最多，但是除 6 号城市之外，其他城市抖音短视频用户的数量较为均匀，约为 6 号城市的一半，因此用户在除 6 号和 99 号城市之外的分布比较稳定。

地区使用人数

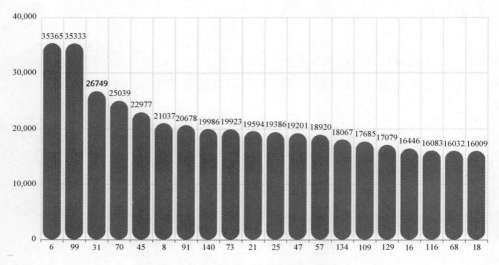

图 10-4　不同地区用户数量分布图

2. 用户观看时间分析

通过对用户观看抖音短视频时间的分析，我们可以更为准确地了解人们对抖音短视频的偏好与需求，即人们偏好观看抖音的时间集中在哪个时间段，便于我们根据具体情况制定运营策略与优化战略。

10-2　用户观看
时间分析

```
# 使用 'H' 列进行分组，并计算每个组的 'uid' 数量
grouped = df.groupby('H')['uid'].count()
# 将计数除以 10000，并四舍五入到小数点后一位
h_num = round(grouped / 10000, 1).tolist()
# 获取分组键（即 'H' 列的唯一值）作为 x 轴的标签
h = grouped.index.tolist()


# 制作不同用户观看时间分布图
Chart=Line()
Chart.add_xaxis(h)

Chart.add_yaxis(
    '观看人数（万人）',
    h_num,
    areastyle_opts=opts.AreaStyleOpts(color='#1AF5EF', opacity=0.3),
    itemstyle_opts=opts.ItemStyleOpts(color='black'),
    )

Chart.set_global_opts(
    title_opts=opts.TitleOpts(title='不同时间观看数量分布图', pos_left='40%',pos_top=
'5%')
)
Chart.render('./图2.html')
```

从已知数据中提取相应信息，我们可以知道，抖音短视频用户观看短视频的时间较为分散，既包括了早上又包括了晚上，甚至包括凌晨，可以说抖音短视频的使用已经涵盖了一天

中的各个时间段。因此在制定相应策略时要注意用户的观看时间，选择观看时间较为集中的时间段。

从运行结果图 10-5 中可以看出，不同时间段的抖音短视频均有用户观看，用户观看人数最少的时间段为 13～14 点（午休时段），观看人数多的时间段集中在 18～23 点（下班后至睡觉前）。

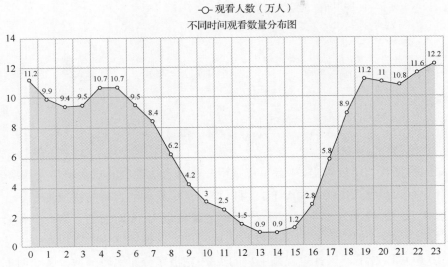

图 10-5　不同时间观看数量分布图

3. 用户点赞/完播率分析

通过对用户的点赞以及完播率进行分析，可以较为准确地了解到用户对不同类型视频的偏好以及用户在哪个时间段兴趣较浓、视频的点赞率与完播率较高，从而为创作者的创作以及平台的相关运行提供一定的建议，如在下午点赞率较高则尽量选择在下午发布视频。代码如下。

10-3　用户点赞/完播率分析

```python
# 按时间分组求每个时间段的视频完播数和点赞数
user_count = df.groupby('H')['uid'].count()
finish_sum = df.groupby('H')['finish'].sum()
like_sum = df.groupby('H')['like'].sum()
# 计算完播率和点赞率
df1 = pd.concat([user_count,finish_sum,like_sum],axis=1)
df1['finish_rate'] = (df1['finish']/df1['uid'] * 100).round(2)
df1['like_rate'] = (df1['like']/df1['uid'] * 100).round(2)

time = df1.index.to_list()
finish_rate = df1['finish_rate'].to_list()
like_rate = df1['like_rate'].to_list()

line1 = Line()
line1.add_xaxis(time)
line1.add_yaxis('完播率',finish_rate,is_smooth=True)
line1.extend_axis(yaxis=opts.AxisOpts())
# 设置第一个 y 轴，包括单位和范围
```

189

```
line1.set_global_opts(yaxis_opts=opts.AxisOpts(name='完播率(%)',min_=30,max_=50))
# 扩展第二个 y 轴
line1.extend_axis(
    yaxis=opts.AxisOpts(
        name='点赞率(%)',
        position='right',  # 将其放在右侧
    )
)
# 创建第二个线图对象（但使用第一个对象的 x 轴和第二个 y 轴）
line2 = Line()
line2.add_xaxis(time)
line2.add_yaxis('点赞率',like_rate,yaxis_index=1,is_smooth=True,linestyle_opts=
opts.LineStyleOpts(type_='dashed'))  # 创建一个新的 Line 对象,并且设置 y 轴索引,即挂在新建的 y 轴上

# 组合两个图
line1.overlap(line2)  # 将 line2 叠加在 line1 图上
line1.set_colors(['red', 'blue'])  # 为了区分两条线，设置不同颜色
line1.render('图3.html')
```

从已知的数据我们可以看出，抖音短视频用户对抖音短视频的点赞率与完播率较为分散，在全天皆有分布，甚至在凌晨都有分布，可以说抖音短视频的点赞与播放涵盖了一天的所有时刻，但点赞率的高峰期为 15 时左右，完播率的高峰也为 15 时左右。因此创作者们在发布视频时可以多注意这个时间段，抖音短视频的运营也可以抓住这个时间段。

从图 10-6 可以看出，抖音短视频用户的点赞/完播率分布比较分散，各个时间点均有分布。其中，点赞率在 0.83～1.1 分布，点赞率最高为 15 时左右，点赞率为 1.1；最低为 14 时左右，点赞率为 0.83。完播率在 37.79%～41.12%分布，主要集中在 40%左右，完播率最低的是 13～14 时左右，完播率为 37.79%；最高的为 15 时左右，完播率为 41.12%。

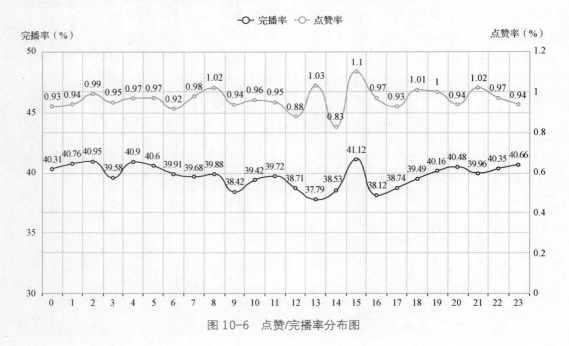

图 10-6 点赞/完播率分布图

4. 用户每周观看时段分析

通过对用户的每周观看时段进行分析，我们可更为准确地了解到抖音短视频在一周内的播放时间段，即人们观看短视频的时间主要集中在周几，从而为创作者与抖音运营者提供相关建议。代码如下。

10-4 用户每周
观看时段分析

```
df['weekday'] = df['date'].dt.weekday
# 分组并计数 uid，然后转换为列表
Week = df.groupby(['weekday']).count()['uid'].to_list()
# 创建一个列表，其中包含周几和对应的 uid 数量
df_pair = [['周一', Week[0]], ['周二', Week[1]], ['周三', Week[2]], ['周四', Week[3]],
          ['周五', Week[4]], ['周六', Week[5]], ['周日', Week[6]]]
# 注意：周日通常是 6，不是 7（因为 weekday 是从 0 开始的）
# 制作用户的每周观看时段分布图
Chart2 = Pie()
Chart2.add('', df_pair, radius=['40%', '70%'], rosetype='radius', center=['45%',
'50%'],
          label_opts=opts.LabelOpts(is_show=True, formatter='{b};{c}次'))
Chart2.set_global_opts(visualmap_opts=opts.VisualMapOpts(min_=200000, max_=300000,
is_show=True,   pos_top='65%',   range_color=['#1AF5EF',   '#F6325A',   '#000000']),
legend_opts=opts.LegendOpts(pos_right='10%', pos_top='2%', orient='vertical'))

# 渲染图表到 HTML 文件
Chart2.render('图4.html')
```

从已知的数据进行分析可以看出，抖音短视频用户对抖音短视频的观看日期较为分散，在周一至周天均有分布，可以说用户不论是在工作日还是在休息日都会打开抖音短视频进行观看。但是可以注意到人们观看抖音短视频的日期集中在一周的前三天即周一、周二、周三，因此创作者可以抓住创作时机，提高视频发布的效率，运营商也可以抓住这个契机。

从图 10-7 可以知道，抖音短视频用户对抖音短视频的观看在一周内的每一天都有分布，但是在一周内的播放却是有多有少的，一周内播放较少的为周四和周五，一周内播放较多的为周一和周二，尤其周二是抖音短视频播放的高峰时间。

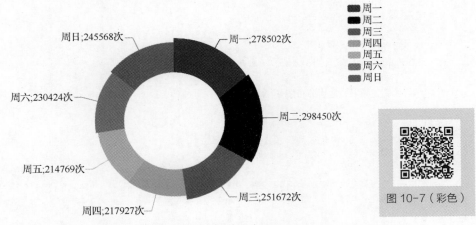

图 10-7（彩色）

图 10-7 一周内播放分布图

5. 用户观看路径分析

通过对用户的观看路径进行分析，我们能够了解抖音短视频用户的行为轨迹，明确揭示用户倾向于采用哪种网络通道观看视频内容，这能帮助我们分析用户对不同观看路径的喜好。代码如下。

```
print(df.groupby(['channel']).count()['uid'])
```

运行结果如图 10-8 所示。

```
channel
0    1710980
2          2
3      25358
4        972
Name: uid, dtype: int64
```

图 10-8　观看路径

通过对已知数据的具体分析我们可以看出，抖音短视频用户的观看路径主要分布在 0、2、3、4。因此，创作者们可以抓住这一特点，找准视频发布的路径，从而获得更多的关注。

10.4.2　创作者维度分析

10-5　创作者维度分析

通过对创作者的视频发布地点进行分析，可以更为准确地了解抖音短视频创作者的地区分布，即不同类型或者相同类型的创作者主要分布在什么地区。通过这种地区分布的分析，为抖音短视频创作者的创作提供一定的建议，可以尽量减小同质化竞争带来的影响。

```
# 去除重复的数据
Author_info=df.drop_duplicates(['author_id','item_city'])[['author_id','item_city']]
Author_info.info()
# 计算每个城市的创作者数量
Author_city_count=Author_info.groupby(['item_city']).count().sort_values(by=['author_id'],ascending=False)
X1=list(Author_city_count.index)
Y1=Author_city_count['author_id'].to_list()
# 获取不重复的创作者数量
df.drop_duplicates(['author_id']).shape[0]

# 制作创作者视频发布地点分布图
Chart3=Bar()
Chart3.add_xaxis(X1)
Chart3.add_yaxis('地区创作者人数(人)', Y1, color='#F6325A', itemstyle_opts={'barborderradius':[60,60,20,20]})

Chart3.set_global_opts(datazoom_opts=opts.DataZoomOpts(range_start=0,range_end=5,
orient='horizontal',type_='slider',is_zoom_lock=False, pos_left='1%')
                )
Chart3.render('图5.html')
```

从已知的数据我们可以知道，抖音短视频创作者的分布较为分散，在不同地区皆有分布，但是可以注意到抖音短视频创作者在 4 号地区的分布最多。

打开生成的"图 5.html"文件可以得到图 10-9，从图中可以看出，创作者的视频发布地点比较广泛，从大城市到中小城市均有分布，并且可以知道在 4 号地区，抖音短视频的创作者分布最多，在 31 号地区分布最少。

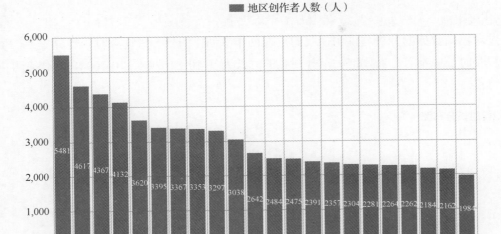

图 10-9　不同城市创作者分布图

10.4.3　视频内容维度分析

1．视频创作时长分析

对视频时长进行分析，可以更为准确地了解到抖音短视频创作者创作抖音短视频的平均时间，即相同类型视频或者不同类型视频创作的一般时间，从而使创作者可以根据不同的创作时间确定自己的创作方向，同时也可以优化自己的运营战略。

10-6　视频创作时长分析

```python
# 提取不重复的视频 ID 和对应的时长
Time = df.drop_duplicates(['item_id'])[['item_id', 'duration_time']]

# 按照时长进行分组，并计数每个时长下有多少个不同的视频 ID
time_distribution = Time.groupby('duration_time')['item_id'].count().reset_index()
time_distribution.rename(columns={'item_id': 'video_count'}, inplace=True)

# 提取 x 轴和 y 轴的数据
X1 = list(time_distribution['duration_time'])
Y1 = list(time_distribution['video_count'])
# 创建 Bar 实例
Chart4 = Bar()
Chart4.add_xaxis(X1)
Chart4.add_yaxis('视频时长对应视频数', Y1, color='#1AF5EF')

# 设置全局配置项
```

```
Chart4.set_global_opts(title_opts=opts.TitleOpts(title='视频创作时长分布图'),
    datazoom_opts=opts.DataZoomOpts(range_start=0, range_end=50),
    visualmap_opts=opts.VisualMapOpts(is_show=False),
    legend_opts=opts.LegendOpts(is_show=False),
    xaxis_opts=opts.AxisOpts(name='时长(秒)'),  # 设置 x 轴单位
    yaxis_opts=opts.AxisOpts(name='视频数(个)')  # 设置 y 轴单位
                )
Chart4.render('图6.html')  # 渲染图表到 HTML 文件
```

通过对已知数据的分析与说明，我们发现创作者创作的抖音短视频时长十分集中，虽然在各个视频时长中都有分布，但大部分视频的时长为 9~10 秒（见图 10-10），创作者可以抓住这个特点。

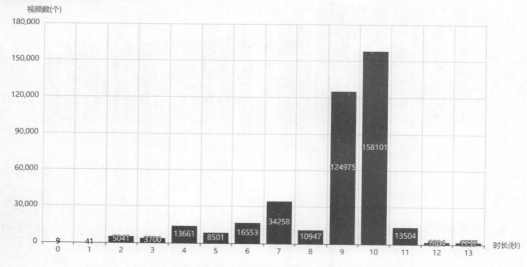

图 10-10　不同时长作品分布图

2. 视频相关性分析

对视频相关性进行分析，可以更为准确地了解抖音短视频创作者创作抖音短视频的相关性，即相同类型视频或者不同类型视频创作的一般相关性，从而使创作者可以根据不同的创作相关性确定自己的创作方向，同时也可以优化自己的运营战略。分析的代码如下。

```
# 视频相关性分析
# 选择需要计算相关性的列
df_cor=df[['finish','like','duration_time','H']]
# 选择需要计算相关性的列
cor_table=df_cor.corr(method='spearman')
# 将相关性 DataFrame 转换为 NumPy 数组
cor_narray=np.array(cor_table)
# 获取列名作为 x 轴和 y 轴的标签
cor_name=list(cor_table.columns)
value=[[i,j,cor_narray[i,j]] for i in [3,2,1,0] for j in [0,1,2,3]]

x_data = cor_name
```

```
    y_data = cor_name
    value = [[i, j, cor_narray[i][j]] for i in range(len(cor_name)) for j in
range(len(cor_name))]

    heatmap = (
        HeatMap().add_xaxis(x_data).add_yaxis("系列名", y_data, value).set_global_opts(
            title_opts=opts.TitleOpts(title="视频相关性分布图"),
            visualmap_opts=opts.VisualMapOpts(max_=1, is_piecewise=True),
                )
            )
    heatmap.render('图 7.html')
```

对不同类型视频或者相同类型视频进行相关性分析，运行结果如图 10-11 所示。从结果我们可以看出，许多视频的相关性较为一般，但是 finish 类型视频的相关性程度较高，且 finish 与点赞之间的相关性较大。创作者可以抓住这个特点进行抖音短视频的相关创作，运营商也可以考虑这个特点。

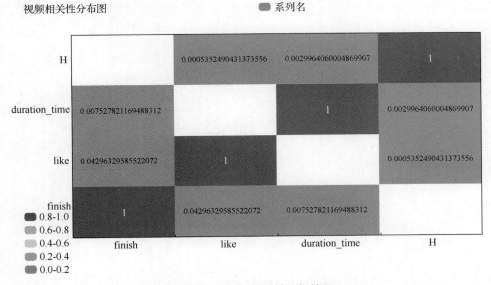

图 10-11　视频相关性分析结果

3．视频留存率分析

对视频留存率进行分析，能够揭示不同类型视频或相同类型视频之间的留存率差异，即用户观看后继续留在平台观看该视频或类似视频的比例，从而使创作者能够更清晰地认识到自己作品的吸引力与观众留存行为之间的关系，进而依据不同创作内容的相关性来精准定位自己的创作方向。视频留存率分析代码如下。

```
puv = df.groupby(['date']).agg({'uid':'nunique','item_id':'count'})

time = puv.index.tolist()
lc = []
for i in range(len(time)-7):
    bef = set(list(df[df['date']==time[i]]['uid']))
    aft = set(list(df[df['date']==time[i+7]]['uid']))
```

```
    stay = bef&aft
    per = round(100*len(stay)/len(bef),2)
    lc.append(per)
lc1 = []
for i in range(len(time)-1):
    bef = set(list(df[df['date']==time[i]]['uid']))
    aft = set(list(df[df['date']==time[i+1]]['uid']))
    stay = bef&aft
    per = round(100*len(stay)/len(bef),2)
    lc1.append(per)
x7 = time[0:-7]
chart1 = Line()
chart1.add_xaxis(x7)
chart1.add_yaxis('7日留存率/%',lc,is_smooth=True, label_opts=opts.LabelOpts(is_show=
False), is_symbol_show = False,linestyle_opts=opts.LineStyleOpts(color='#F6325A',
opacity=.7,curve=0, width=2,type_ = 'solid' ))
chart1.set_global_opts(legend_opts=opts.LegendOpts(pos_right='10%',pos_top='2%'),
              title_opts=opts.TitleOpts(title="用户留存率分布图",pos_left='40%'),)
chart1.render('图8.html')
```

代码运行结果如图 10-12 所示。

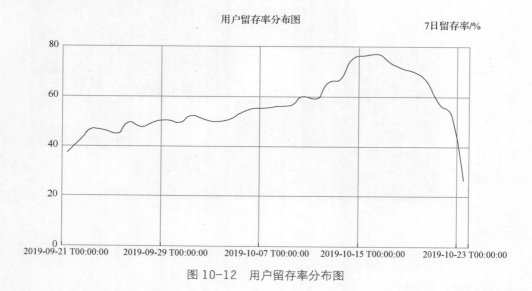

图 10-12　用户留存率分布图

从已知数据的分析与研究我们可以看出，抖音短视频用户的留存率较为分散，但是基本上可以维持在 40%左右，即抖音短视频留存率一般可以保持在一个正常的水平。因此创作者们可以从留存率的特点出发进行创作，运营商也可以把握这个契机。

10.4.4　视频时长影响回归分析

本小节将描述对抖音短视频数据进行回归分析的过程，主要是分析视频时长对收藏和完成度的影响。回归分析是一种统计学方法，用于量化因变量（在这里是收藏和完成度）与自变量（视频时长）之间的关系。本小节的主要目标是探究视频时长如何影响用户对视频的收藏行为；分析视频时长与用户观看完

10-7　视频时长影响回归分析

196

成度的关系。代码如下。

```python
import numpy as np
import statsmodels.api as api

# 视频时长对收藏的影响，逻辑回归分析
y1 = df['like']

# 视频时长对完成度的影响分析
y2 = df['finish']

# duration_time 为主要研究对象，其余为控制变量。控制了用户所在城市、创作者、作品发布城市、观看渠
道和时间段的影响
x = df.loc[:,['duration_time','user_city','author_id','item_city','channel','music_id',
'H']]
x['user_city'] = np.log1p(x['user_city'])
x['author_id'] = np.log1p(x['author_id'])
x['item_city'] = np.log1p(x['item_city'])
x['channel'] = np.log1p(x['channel'])
x['music_id'] = np.log1p(x['music_id'])
x = x.round(2)

# 回归系数为负并在 5% 的显著性水平下成立，结果表明视频时长每增长一分钟，视频的点赞率将下降 0.24%
model = api.Logit(y1,api.add_constant(x)).fit()
print(model.summary().tables[1])

# 回归系数为负并在 1% 的显著性水平下成立，结果表明视频时长在一定范围内时，每增长一分钟，视频的完播率
将上升 0.15%
model = api.Logit(y2,api.add_constant(x)).fit()
print(model.summary().tables[1])
```

（1）对视频时长与用户对视频的收藏行为之间的关系进行回归分析（见图 10-13）。结果显示，回归系数为负并在 5% 的显著性水平下具有统计学意义。视频时长的增加对用户的收藏行为产生了负面影响。具体而言，当视频时长每增加一分钟时，视频的点赞率将下降约 0.24 个百分点。

```
Optimization terminated successfully.
         Current function value: 0.054349
         Iterations 9
=================================================================================
                     coef      std err         z       P>|z|     [0.025     0.975]
---------------------------------------------------------------------------------
const             -5.0288      0.070       -71.622     0.000     -5.166     -4.891
duration_time     -0.0024      0.001        -2.032     0.042     -0.005     -8.36e-05
user_city         -0.0420      0.008        -5.571     0.000     -0.057     -0.027
author_id          0.0221      0.004         5.130     0.000      0.014      0.031
item_city          0.0153      0.007         2.333     0.020      0.002      0.028
channel            0.0665      0.043         1.549     0.121     -0.018      0.151
music_id           0.0447      0.004        11.500     0.000      0.037      0.052
H                  0.0005      0.001         0.527     0.598     -0.001      0.002
=================================================================================
```

图 10-13　对视频时长影响用户收藏行为进行回归分析的运行结果

（2）对视频时长与用户观看完成度的关系进行回归分析（见图 10-14）。结果显示，回归系数为负并在 1% 的显著性水平下具有统计学意义。视频时长在一定范围内时，每增长一分钟，视频的完播率将上升 0.15%。

```
Optimization terminated successfully.
        Current function value: 0.670060
        Iterations 5
==============================================================================
                  coef      std err         z        P>|z|      [0.025      0.975]
------------------------------------------------------------------------------
const            0.2764      0.014      19.834       0.000      0.249       0.304
duration_time    0.0015      0.000       6.571       0.000      0.001       0.002
user_city       -0.0016      0.002      -1.065       0.287     -0.005       0.001
author_id       -0.0601      0.001     -70.967       0.000     -0.062      -0.058
item_city        0.0059      0.001       4.527       0.000      0.003       0.008
channel         -0.7575      0.012     -64.790       0.000     -0.780      -0.735
music_id        -0.0096      0.001     -12.422       0.000     -0.011      -0.008
H               -0.0009      0.000      -4.584       0.000     -0.001      -0.000
==============================================================================
```

图 10-14　对视频时长与用户观看完成度的关系进行回归分析的运行结果

10.5　结果分析

本节对 10.4 节中所进行的数据分析结果进行阐述。

10.5.1　用户维度结果分析

1. 用户分布地区

抖音短视频的用户分布既有集中的特点又有分散的趋势，如从数据分析结果可以看出，6 号城市抖音短视频用户的数量最多，因此推断抖音短视频用户在发达地区可能较多。但是在除 6 号城市之外，其他城市抖音短视频用户的数量较为均匀，约为 6 号城市的一半，因此用户在中小城市或者不发达地区的分布比较稳定。

2. 用户观看时间

不同时间的抖音短视频均有用户观看，从分析结果看，用户观看人数最少的时间段为 13～14 点（午休时段），观看人数多的时间段集中在 18～23 点（下班后至睡觉前）。这说明，午休时间段，用户观看短视频时间比较少；傍晚下班后至当天睡觉前，用户时间比较自由，属于休闲娱乐时间，有较多时间花在短视频的观看上。

3. 用户点赞/完播率

从分析结果可以看出用户点赞率高峰期为下午 15 时左右，完播率高峰时间点也是下午 15 点左右。创作者在发布短视频的时候可以重点关注这个时间点。

4. 用户一周播放分布

用户对抖音短视频的观看在一周内的每一天都有分布，但是在一周内的播放却是有多有少的。一周内播放最少的日期为周四和周五；一周内播放最多的日期为周一和周二，尤其周二是抖音短视频播放的高峰。

10.5.2　创作者维度结果分析

创作者的视频发布地点比较广泛，从大城市到中小城市均有分布，并且可以知道在 4 号地区，抖音短视频的创作者分布最多，在 31 号地区分布最少。

10.5.3　视频内容维度结果分析

1．视频时长

不同时长的作品皆有分布，并且 9～10 秒的视频数量最多，尤其是 10 秒的视频数量最多，22 秒及以上的视频数量最少。

2．视频相关性

从数据分析结果可以看出 finish 类与点赞类作品之间的相关性较大。

3．视频留存率

抖音短视频的留存率分布较为密集，从 2019 年 10 月 15 日进入用户使用的高峰阶段，一个用户平均每天浏览多个视频。

10.5.4　视频时长影响回归结果分析

视频时长如何影响用户对视频的收藏行为，视频时长与用户观看完成度的关系如何？回归分析结果显示，视频时长每增长一分钟，视频的点赞率将下降 0.24%；视频时长在一定范围内时，每增长一分钟，视频的完播率将上升 0.15%。

综合以上结果分析，可以关注用户较多城市的特点，对产品受众有进一步的把握。用户较少的城市可以视作流量洼地，考虑进行地推/用户-用户的推广，增加地区使用人数。在用户高浏览的时段进行广告的投放，曝光量更高。在高峰段进行优质内容的推荐，效果会更好。关注深度用户特点，思考如何提高普通用户的完播率、点赞率。创作者选择在周一至周三这几天发布视频可能会收获更多的观看数量。同时也可以多利用有关技术，优化创作视频的质量，提高用户的点赞率与留存率。

10.6　本章小结

本章介绍了利用 Python 及其数据分析工具对抖音短视频数据进行深入分析的方法和技术。这不仅有助于我们提高数据分析和挖掘的能力，还能帮助我们更好地理解用户需求和市场趋势，为内容创作和运营决策提供有力的支持。同时，我们也应认识到数据分析的局限性和挑战，并在实践中不断探索和创新以应对这些挑战。

[1] 董付国.Python 程序设计基础[M].2 版.北京:清华大学出版社,2018.

[2] Wes McKinney. Python for Data Analysis[M]. 2nd Edition. Sebastopol: O'REILLY,2018.

[3] 张文霖.漫画 Python 数据分析[M].北京:电子工业出版社,2023.

[4] 江红.Python 程序设计与算法基础教程[M].北京:清华大学出版社,2017.

[5] 马国俊.Python 网络爬虫与数据分析从入门到实践[M].北京:清华大学出版社,2023.

[6] 王振丽.Python 数据分析与可视化项目实战[M].北京:清华大学出版社,2023.

[7] 李俊吉,宋祥波.Python 数据分析与可视化（微课版）[M].北京:人民邮电出版社,2024.

[8] 史浩,吴金旺,单守雪,等.Python 数据分析与应用[M].北京:清华大学出版社,2024.